本公报由第二次青藏高原综合科学考察研究专项（2019QZKK0105-06）资助出版

西藏气候变化监测公报

（2019年）

Tibet Climate Change Monitoring Bulletin

主　编：边　多

副主编：黄晓清　扎西央宗　卓　玛　杜　军

气象出版社
China Meteorological Press

内容简介

为更好地总结西藏自治区气候变化监测最新成果，积极应对和适应区域显著增暖和极端天气气候事件变化，西藏自治区气候中心编写了《西藏气候变化监测公报(2019年)》。该公报共分四章，分别从大气圈(气温、降水、极端气候事件指数、天气现象)、冰冻圈(冰川、积雪、冻土)和陆面生态(地温、湖泊、植被、生态气候)等方面揭示了20世纪中叶以来西藏自治区气候变化的科学事实，可为政府有效制定气候变化政策、提升气候变化业务能力、开展应对气候变化宣传提供科学依据。

本公报可供各级政府部门决策时参阅，也可供气象、生态环境、农牧业、林业、水利、自然资源等部门从事气候和气候变化相关学科的专业技术人员和管理人员参考。

图书在版编目(CIP)数据

西藏气候变化监测公报. 2019年 / 边多主编. — 北京：气象出版社，2020.12

ISBN 978-7-5029-7330-8

Ⅰ.①西… Ⅱ.①边… Ⅲ.①气候变化-监测-西藏-2019-年报 Ⅳ.①P467

中国版本图书馆CIP数据核字(2020)第244287号

审图号：藏S(2020)014号

西藏气候变化监测公报(2019年)

Xizang Qihou Bianhua Jiance Gongbao (2019 Nian)

出版发行：气象出版社

地　　址：北京市海淀区中关村南大街46号　　**邮政编码**：100081

电　　话：010-68407112(总编室)　010-68408042(发行部)

网　　址：http://www.qxcbs.com　　**E-mail**：qxcbs@cma.gov.cn

责任编辑：陈　红　　**终　　审**：吴晓鹏

责任校对：张硕杰　　**责任技编**：赵相宁

封面设计：地大彩印设计中心

印　　刷：北京地大彩印有限公司

开　　本：787 mm×1092 mm　1/16　　**印　　张**：6.75

字　　数：173千字

版　　次：2020年12月第1版　　**印　　次**：2020年12月第1次印刷

定　　价：60.00元

《西藏气候变化监测公报(2019年)》
编委会

编写组

主　　编： 边　多

副 主 编： 黄晓清　扎西央宗　卓　玛　杜　军

成　　员（按姓氏拼音排序）：

白玛仁增　白玛央宗　次旺顿珠　次　旺　次丹卓玛
陈　涛　德吉央宗　戴　睿　顿玉多吉　格　桑
拉　巴　拉巴卓玛　李　林　拉　珍　路红亚
马鹏飞　平措旺旦　袁　雷　扎西欧珠　周刊社
曾　林　张东东

编写单位

西藏自治区气候中心
西藏自治区遥感应用研究中心
高分辨率对地观测系统西藏数据与应用中心

前　　言

气候是自然生态系统的重要组成部分，是人类赖以生存和发展的基础条件，也是经济社会可持续发展的重要资源。近百年来，受人类活动和自然因素的共同影响，全球正经历着以气候变暖为显著特征的变化。气候变化导致灾害性极端天气气候事件频发，积雪、冰川和冻土融化加速，水资源分布失衡，生物多样性受到威胁；受海洋热膨胀和冰川冰盖消融影响，全球海平面持续上升，海岸带和沿海地区遭受更为严重的洪涝、风暴等自然灾害，低海拔岛屿和沿海低洼地带甚至面临被淹没的威胁。气候变化对全球自然生态系统和经济社会都产生了广泛影响。

青藏高原是气候变化的敏感区、生态环境的脆弱区，全球气候变化对青藏高原的影响日益显著，对西藏的自然生态环境和经济社会可持续发展的潜在影响日益加大。青藏高原又是影响我国中东部天气系统的上游地区，主要灾害性天气的策源地。因此，研究和分析青藏高原天气气候、气候变化及其影响，对科学应对气候变化、有效防御气象灾害意义重大而深远。

西藏自然资源丰富，但生态环境脆弱。气候的微小波动往往会引起环境的重大变化。要实现经济社会可持续发展，研究气候的重要性不言而喻。特别是近50年来，西藏气候的变化不仅导致了区域内各种气象灾害的频发和加剧，而且导致雪线上升、冰川退缩、冰湖溃决、冻土消融、病虫害加剧等，对区域的经济社会发展构成严重威胁，影响了作为国家生态安全屏障的功能。

2011年以来，西藏自治区气象局连续9年发布年度《西藏气候变化监测公报》，2019年发布的监测公报，给出了中国、亚洲和全球气候变化状态的最新监测信息，揭示了西藏近59年（1961—2019年）大气圈（气温、降水、极端气候事件指数、天气现象）、冰雪圈（冰川、积雪、冻土）和陆地生态（地温、湖泊、植被、生态气候）等方面的基本科学事实。

该公报得到了第二次青藏高原综合科学考察研究专项（2019QZKK0105-06）和2019年山洪工程项目“省级生态遥感应用能力建设、生态环境气象监测评估和预报预警能力建设”资助。

在本书编写出版过程中，得到了西藏自治区气象局各位领导的关心，国家气候中心、西藏自治区气象信息网络中心提供了大量的气候系统观测资料和基础数据，在此一并对编写《西藏气候变化监测公报》付出辛勤劳动的科技工作者及晋美旺措为本书提供封面照片表示诚挚的感谢！

编者

2020 年 9 月

编写说明

一、数据来源和其他背景

1. 本公报中全球、亚洲和全国气候变化数据引自中国气象局气候变化中心发布的《2020年中国气候变化蓝皮书》。

2. 本公报中所用西藏数据均来自西藏自治区气象信息网络中心。

3. 本公报常年值是指 1981—2010 年气候基准期的常年平均值。凡是使用其他平均期的值，则用“平均值”一词，全球温度距平是相对于 1961—1990 年的平均值。

4. 本公报计算极端气候事件指数采用 1981—2010 年为基准期。

5. 本公报中 1961—2019 年西藏地表年平均气温、年降水量和年日照时数等气象要素，是指西藏 18 个气象站（附图）年平均气温、年降水量和年日照时数等气象要素的平均值。

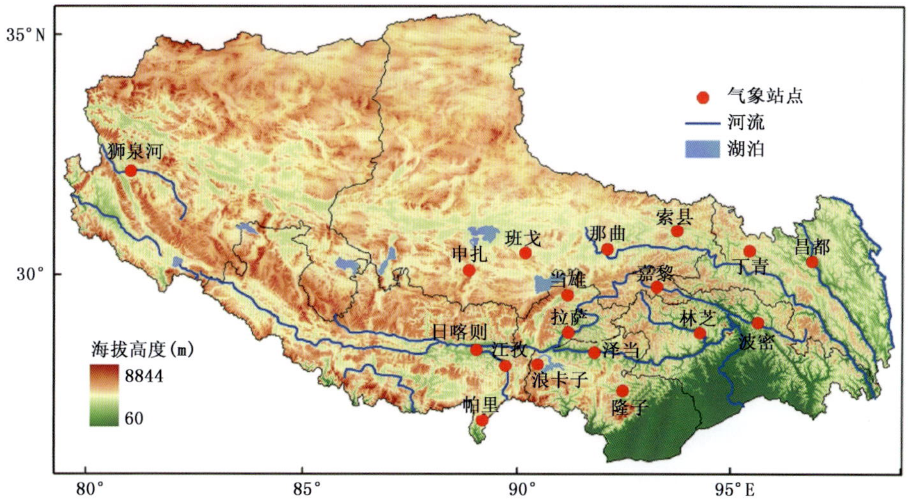

附图　西藏自治区气象站点分布

二、术语表

全球地表平均温度：指与人类生活的生物圈关系密切的平均地球表面的温度，通常是基于按面积加权的海洋表面温度（SST）和陆地表面 1.5 m 处的表面气温的全球平均值。

陆地表面平均气温：指某一段时间内，陆地表面气象观测规定高度（1.5 m）上的空气温度值的面积加权平均值。

地表温度:指某一段时间内,陆地表面与空气交界处的温度。

西藏地表平均气温:指某一段时间内,西藏自治区18个气象站,地面气象观测规定高度(1.5 m)上的空气温度值的平均值。

西藏平均年降水量:指西藏自治区18个站一年降水量总和的平均值。

西藏平均年降水日数:指西藏自治区18个站点一年中降水量≥0.1 mm日数的平均值。

活动积温:指植物在整个年生长期中高于生物学最低温度之和,即大于某一临界温度值的日平均气温的总和。

霜冻日数:每年日最低气温低于0 ℃的天数。

结冰日数:每年日最高气温低于0 ℃的天数。

生长季长度:每年日平均气温大于5 ℃的天数。

暖昼日数:日最高气温大于历史同期第90%分位值的日数。

冷昼日数:日最高气温小于历史同期第10%分位值的日数。

暖夜日数:日最低气温大于历史同期第90%分位值的日数。

冷夜日数:日最低气温小于历史同期第10%分位值的日数。

日最大降水量:每年最大的1日降水量。

连续5日最大降水量:每年连续5日的最大降水量。

降水强度:日降水量≥1.0 mm的总降水量与降水日数的比值。

中雨日数:日降水量≥10 mm的日数。

大雨日数:日降水量≥20 mm的日数。

强降水量:日降水量大于基准期内第95%分位值的总降水量。

极强降水量:日降水量大于基准期内第99%分位值的总降水量。

连续干旱日数:日降水量<1.0 mm的最大连续日数。

连续湿润日:日降水量≥1.0 mm的最大连续日数。

霜:指近地气层的温度降到0 ℃以下水汽凝华的一种现象,一天中凡出现白霜现象时统计为一个霜日。

冰雹:一天中凡出现冰雹天气现象时统计为一个冰雹日。

大风日数:凡出现瞬时风速达到或超过17.2 m/s的当天作为一个大风日统计。

雷暴:气象观测站在一天内听到雷声则记录当地一个雷暴日。

沙尘暴:一天中凡出现能见度<1 km沙尘暴天气现象时统计为一个沙尘暴日。

最大冻土层深度:冻土层深度指地面以下最深的冻土层到地面的距离。最大冻土层深度指某段时间内冻土层深度达到的最大值。

植被指数:对卫星不同波段进行线性或非线性组合以反映植物生长状况的量化信息,本书使用归一化差值植被指数(NDVI)。NDVI(Normalized Difference Vegetation Index)是应用于检测植被生长状况、植被覆盖度等。

植被覆盖度:指植被(包括叶、茎、枝)在地面的垂直投影面积占统计区总面积的百分比,常用于植被变化、生态环境研究、水土保持、气候等方面。本公报植被覆盖度划分等级为0%~20%表示0%<NDVI≤20%,20%~40%表示20%<NDVI≤40%,40%~60%表示40%<NDVI≤60%,60%~80%表示60%<NDVI≤80%,80%~100%表示80%<NDVI≤100%。

生物量:指某一时刻单位面积内实存生活的有机物质(干重)总量,或者从生物学角度测定的草地植物地上部分光和物质的积累量,通常用千克/公顷。

草地生物量:指草地的干物质重量,是衡量草地生产力大小的标准之一,也是衡量植物生长发育的一个重要指标。

目　　录

摘 要

气候系统的多种指标和观测表明，气候系统多项关键指标呈加速变化趋势。2019 年，全球平均温度较工业化前水平高出约 1.1 ℃，是有完整气象观测记录以来的第二暖年份，近 5 年(2015—2019 年)是有完整气象观测记录以来最暖的 5 个年份；20 世纪 80 年代以来，每个连续 10 年都比前一个 10 年更暖。2019 年，亚洲陆地表面平均气温比常年值偏高 0.87 ℃，是 20 世纪初以来的第二高值。

1951—2019 年，中国年平均气温每 10 年升高 0.24 ℃，升温速率明显高于同期全球平均水平；近 20 年是 20 世纪初以来的最暖时期。1961—2019 年，平均年降水量呈微弱的增加趋势，且年代际变化明显。2019 年中国平均年降水量为 645.5 mm，较常年值偏多 2.5%。

1961—2019 年，西藏地表年平均气温呈显著上升趋势，平均每 10 年升高 0.32 ℃，与我国八大区域比较，西藏气温升温率低于青藏高原(0.37 ℃/10a)，接近华北，明显高于其他区域。2019 年，西藏地表年平均气温为 4.7 ℃，比常年值偏高 0.6 ℃，是 1961 年以来第十个偏暖年，与 2018 年持平。

1961—2019 年，西藏平均年降水量以 7.49 mm/10a 的速率呈增加趋势，尤其是近 39 年增幅较大(13.64 mm/10a)。2019 年，西藏平均年降水量为 473.5 mm，比常年值偏多 11.4 mm，为 1961 年以来第二十九个多雨年。

1961—2019 年，西藏年日照时数平均每 10 年减少 19.40 h，西藏日照时数减少主要表现在夏季(−6.52 h/10a)。2019 年，西藏年日照时数 2 390.1 h，较常年值偏少 345.5 h，继 2018 年后再次刷新 1961 年以来的新低。

1961—2019 年，西藏年平均总云量、平均风速均呈明显下降趋势；≥0 ℃活动积温呈显著增加趋势(62.0 ℃·d/10a)，特别是近 39 年，增幅达 83.2 ℃·d/10a。2019 年西藏平均≥0 ℃活动积温为 2 269.7 ℃·d，较常年值偏高 190.5 ℃·d，是 1961 年以来第五偏高年份。

1961—2019 年，西藏年极端最高、最低气温和年最高气温极小值、最低气温极大值均呈升高趋势；年暖昼(夜)日数呈显著增加趋势，年生长季长度呈明显延长趋势；而年冷昼(夜)日数、霜冻日数和结冰日数均表现为明显减少趋势。89%站点的年中雨日数、72%站点的年大雨日数、72%站点的年强降水量、72%站点的 1 日和 61%站点的连续 5 日最大降水量均表现为增多趋势；61%站点的年连续湿润日数趋于增加，而 83%站点的年连续干旱日数呈减少趋势。

1961—2019 年，西藏年霜日以 5.34 d/10a 的速度增加，而年冰雹日数、大风日数和沙尘暴日数都呈现出不同程度的减少，减幅依次为 2.01 d/10a、9.24 d/10a 和 1.23 d/10a。2019 年，年冰雹日数为 1961 年以来第十个偏少年份。2014—2019 年，除隆子 2019 年有 1 天沙尘暴外，其他各站连续 6 年没有出现沙尘暴。

1961—2019 年，西藏海拔 4 500 m 以上地区年最大冻土深度减小趋势最为明显，平均每

10 年减少 16.31 cm；海拔 3 200～4 500 m 地区最大冻土深度平均每 10 年减少 4.53 cm；海拔 3 200 m 以下地区平均每 10 年减少 0.08 cm，呈弱减小趋势。

1981—2019 年，西藏年积雪日数和年最大积雪深度平均每 10 年分别减少 4.76 d 和 0.37 cm。2019 年是 2001 年以来西藏积雪面积最多的年份，总体来看近 19 年（2001—2019 年）积雪面积呈增加趋势。

1961—2019 年，西藏植被气候生产潜力呈显著增加趋势，平均每 10 年增加 127.34 kg/hm^2。2000—2019 年，西藏植被覆盖度均呈增加态势，植被总体呈不显著退化趋势，显著退化区域主要集中在中、东部。2015—2019 年，全区植被总生物量从高到低依次为 2017 年、2019 年、2018 年、2016 年和 2015 年。

2019 年，西藏境内的古里雅冰川面积为 113.06 km^2，较 1977 年退缩了 1.99%；普若岗日冰川面积为 405.89 km^2，较 1976 年退缩了 6.81%；申扎杰岗日冰川面积为 69.9 km^2，较 1976 年退缩了 40.76%；杰马央宗冰川面积为 21.37 km^2，较 1976 年退缩了 7.01%；杰马央宗冰川末端冰湖面积为 1.25 km^2，较 1976 年扩张了 76.06%；冲巴雍曲流域冰川面积为 28.20 km^2，较 1987 年退缩了 11.88%；冲巴雍曲流域冰湖面积为 14.99 km^2，较 1987 年扩张了 12.71%；米堆冰川面积为 28.77 km^2，较 1984 年退缩了 2.11%。

1972—2019 年，色林错、纳木错、扎日南木错、当惹雍错、桑旺错、塔若错、普莫雍错和玛旁雍错均表现为扩张趋势，但玛旁雍错变化不明显，拉昂错、羊卓雍错和多庆错均呈萎缩态势。2019 年，色林错湖面面积为 2 413.10 km^2，较 1972 年扩张 47.68%；纳木错湖面面积为 2 015.51 km^2，较 1987 年扩张 2.79%；扎日南木错湖面面积为 1 044.03 km^2，为近 32 年最大值，较 1988 年扩张 5.80%；当惹雍错湖面面积达 864.79 km^2，继 2018 年以来又创新高，较 1988 年扩张 4.21%；桑旺错湖面面积为 5.88 km^2，较 1987 年扩张 5.57%；塔若错湖面面积为 492.41 km^2，较 1975 年扩张 2.08%；普莫雍错湖面面积为 290.87 km^2，较 1972 年扩张 2.68%；玛旁雍错湖面面积为 414.62 km^2，较 1972 年略微扩张 0.11%；拉昂错湖面面积为 253.72 km^2，较 1972 年萎缩 5.50%；佩枯错湖面面积为 270.86 km^2，较 1988 年萎缩 1.44%；羊卓雍错湖面面积为 546.79 km^2，较 1972 年萎缩 12.20%；多庆错湖面面积为 47.25 km^2，较 1975 年萎缩 40.88%。

第1章　全球与全国气候变化

《中国气候变化蓝皮书(2020)》显示：气候系统多项关键指标呈加速变化趋势。中国是全球气候变化的敏感区，气候极端性增强，降水变化区域差异明显、暴雨日数增多；我国生态气候总体趋好，区域生态环境不稳定性加大。本章以引用文献的方式，根据中国气象局气候变化中心发布的《中国气候变化蓝皮书(2020)》中提供的中国和全球气候变化的最新监测信息，介绍全球、亚洲地表平均气温的变化趋势以及我国地表气温、降水量的气候变化事实。

1.1　全球地表平均温度

2019年，全球平均温度较工业化前水平高出约1.1 ℃，是有完整气象观测记录以来的第二暖年份，过去5年(2015—2019年)是有完整气象观测记录以来最暖的五个年份；20世纪80年代以来，每个连续10年都比前一个10年更暖(图1.1)。2019年，亚洲陆地表面平均气温比常年值(本报告使用1981—2010年气候基准期)偏高0.87 ℃，是20世纪初以来的第二高值。

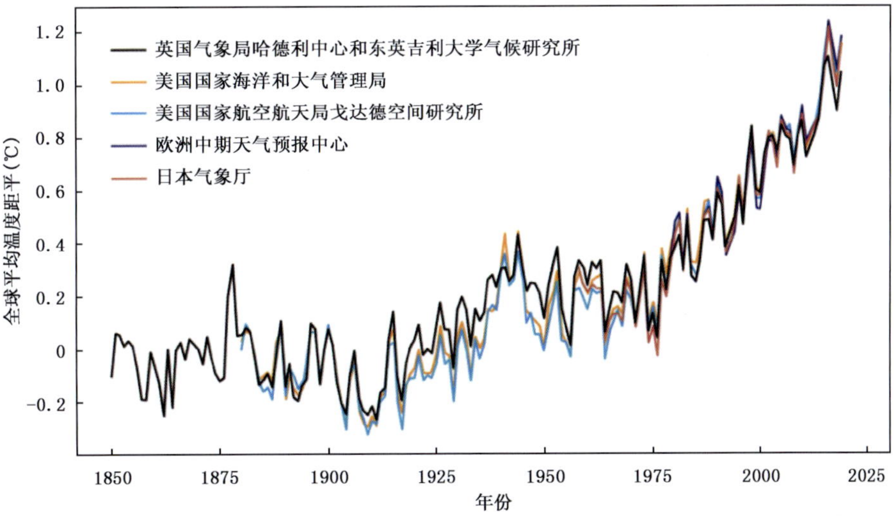

图1.1　1850—2019年全球地表平均温度距平变化(相对于1850—1900年平均值)

1.2 亚洲陆地表面平均气温

1901—2019年，亚洲陆地表面平均气温总体呈明显上升趋势。20世纪60年代末以来，升温趋势尤其显著(图1.2)。1901—2019年，亚洲陆地表面平均气温上升了1.65 ℃。1951—2019年，亚洲陆地表面平均气温呈显著上升趋势，速率为0.23 ℃/10a。2019年，亚洲陆地表面平均气温比常年值偏高0.87 ℃，接近于最暖年2016年，是1901年以来的第二暖年。

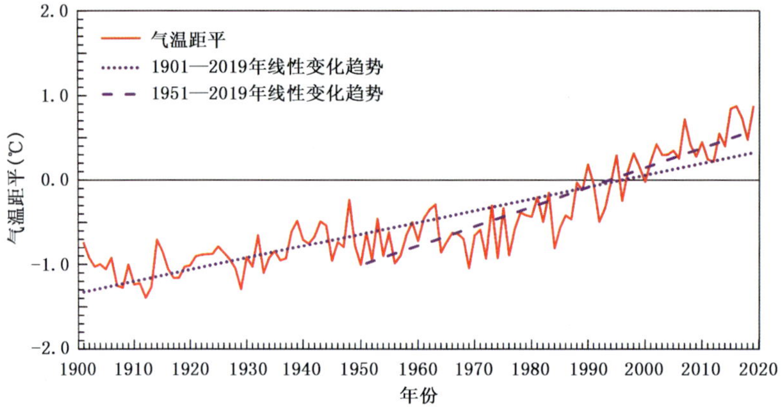

图1.2　1901—2019年亚洲陆地表面平均气温距平变化趋势

1.3 全国气候变化

1.3.1 气温

中国是全球气候变化的敏感区和影响显著区。1951—2019年，中国年平均气温每10年升高0.24 ℃，升温速率明显高于同期全球平均水平；近20年是20世纪初以来的最暖时期。20世纪90年代中期以来，中国极端高温事件明显增多(图1.3)；2019年，云南元江(43.1 ℃)等64站日最高气温达到或突破历史极值。20世纪90年代后期以来，登陆中国台风的平均强度波动增强；2019年，西北太平洋和南海台风生成个数为29个，其中6个登陆中国；超强台风“利奇马”为1949年以来登陆中国的第五强台风，且登陆后移动缓慢、陆上滞留时间长，风雨强度大、影响范围广。

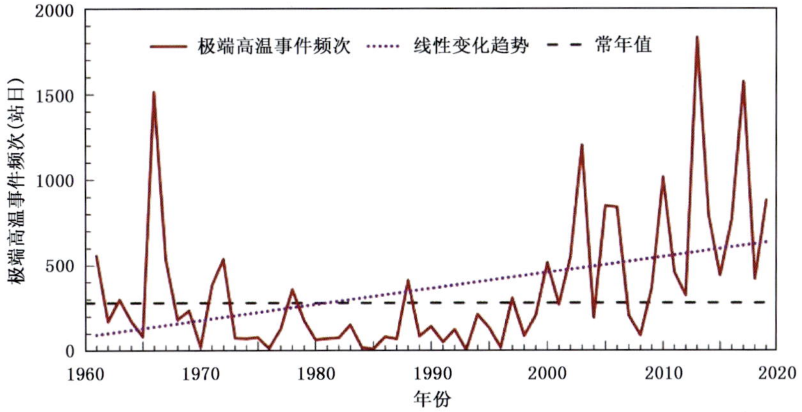

图 1.3　1961—2019 年中国极端高温事件频次变化趋势

1.3.2　降水

降水变化区域差异明显、暴雨日数增多。1961—2019 年，中国平均年降水量呈微弱的增加趋势，平均年降水日数呈显著减少趋势，极端强降水事件呈增多趋势，年累计暴雨(日降水量≥50 mm)站日数呈增加趋势，平均每 10 年增加 3.8%。1961—2019 年，中国各区域降水量变化趋势差异明显，青藏地区降水呈显著增多趋势；西南地区降水呈减少趋势；其余地区降水无明显线性变化趋势。21 世纪初以来，西北、东北和华北地区平均年降水量波动上升，东北和华东地区降水量年际波动幅度增大；2016 年以来，青藏地区降水量持续异常偏多。

第2章　西藏自治区气候要素的变化

在全球气候变暖的大背景下，西藏气候也发生了明显的变化，近59年(1961—2019年)总体上呈现为暖湿化的特征，日照时数、蒸发量、平均风速均呈显著减少趋势。年极端最高、最低气温趋于升高，年暖昼(夜)日数、生长季长度均呈显著增加趋势，而年冷昼(夜)日数、霜冻日数和结冰日数都表现为显著的减少趋势。年中雨日数、大雨日数、连续湿润日数均趋于增多，而年连续干旱日数呈减少趋势。

2.1　基本要素

2.1.1　平均气温

2.1.1.1　全区

1961—2019年，西藏地表年平均气温呈显著上升趋势，平均每10年升高0.32 ℃($P<0.001$，P为显著性检验水平，下同；图2.1)，升温主要表现在秋、冬两季(表2.1)，尤其是近29年(1991—2019年)升温更明显，冬季升温率达0.72 ℃/10a。近59年西藏地表升温率与我国八大区域比较(表2.2)，西藏地表年平均气温升温率低于青藏高原，接近华北，明显高于其他各区域。2019年，西藏地表年平均气温为4.7 ℃，比常年值偏高0.6 ℃，是1961年以来第十个偏暖年，与2018年持平。

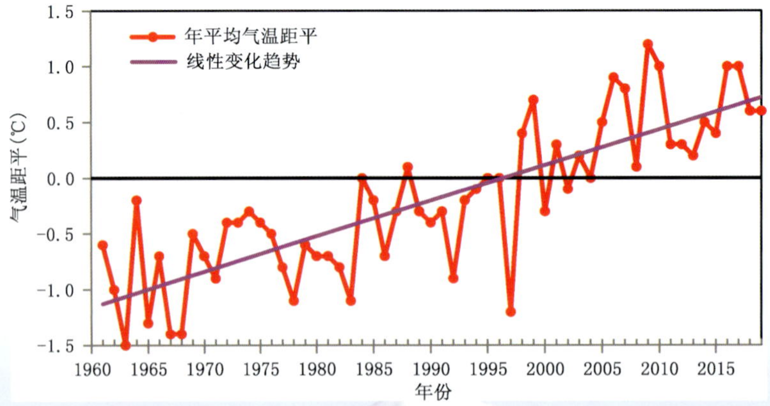

图2.1　1961—2019年西藏地表年平均气温距平变化趋势

表 2.1　西藏地表平均气温升温率(℃/10a)

时间段(年)	年	冬季	春季	夏季	秋季
1961—2019	0.32***	0.45***	0.26***	0.25***	0.33***
1991—2019	0.43***	0.72***	0.23*	0.41***	0.44***

注：*，*** 分别表示通过 0.05，0.001 显著性检验水平。

表 2.2　1961—2019 年中国八大区域地表年平均气温的升温率(℃/10a)

区域	华北	东北	华东	华中	华南	西南	西北	青藏高原
升温率	0.33	0.30	0.25	0.19	0.17	0.16	0.30	0.37

从 1961—2019 年西藏地表年平均气温变化趋势空间分布来看(图 2.2)，各站点地表年平均气温均呈显著升高趋势，平均每 10 年升高 0.19～0.54 ℃($P<0.001$)，其中那曲最大，其次班戈(0.50 ℃/10a)，昌都最小。

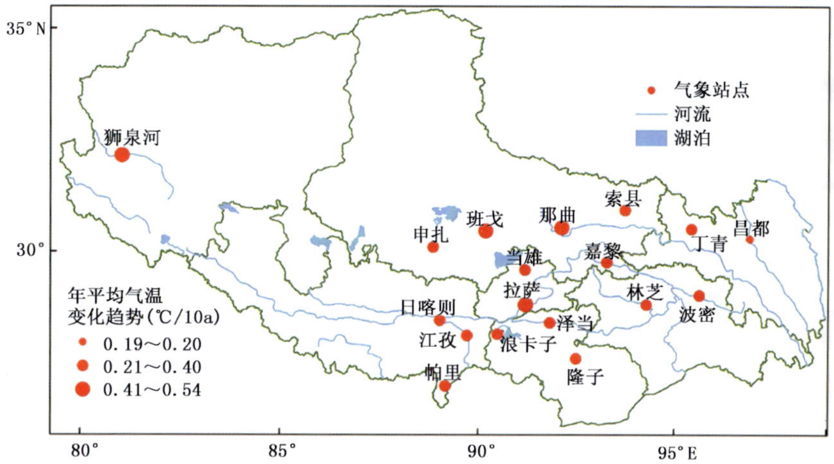

图 2.2　1961—2019 年西藏地表年平均气温变化趋势空间分布

就四季平均气温变化趋势的地域分布而言，近 59 年(1961—2019 年)西藏各站季平均气温均表现为升高趋势，主要表现在秋、冬两季。春季升温率为 0.06～0.48 ℃/10a(图 2.3(a)；除昌都、嘉黎外，其余站 $P<0.01$)，其中狮泉河最高，拉萨次之(0.43 ℃/10a)，嘉黎最低。夏季(图 2.3(b))，各地升温率为 0.10～0.43 ℃/10a(17 个站 $P<0.001$)，拉萨最高，其次是那曲(0.38 ℃/10a)，嘉黎最低。各站秋季升温率为 0.14～0.54 ℃/10a(图 2.3(c)，16 个站 $P<0.001$)，那曲最高，其次是拉萨(0.52 ℃/10a)，昌都最低。各站冬季平均气温升温率为 0.22～0.91 ℃/10a(图 2.3(d)，16 个站 $P<0.001$)，班戈最高，那曲次之(0.84 ℃/10a)，隆子最低，其中那曲市大部、拉萨、当雄升温率大于 0.50 ℃/10a。

根据 1981—2019 年西藏 7 个地(市)地表年平均气温变化趋势的分析(图 2.4)来看，近 39 年各地(市)气温呈明显上升趋势，阿里地区升温率最大达 0.58 ℃/10a；其次是那曲市为 0.50 ℃/10a；山南市最小为 0.27 ℃/10a；拉萨市、昌都市、林芝市和日喀则市升温率分别为 0.40 ℃/10a、0.39 ℃/10a、0.33 ℃/10a 和 0.33 ℃/10a。

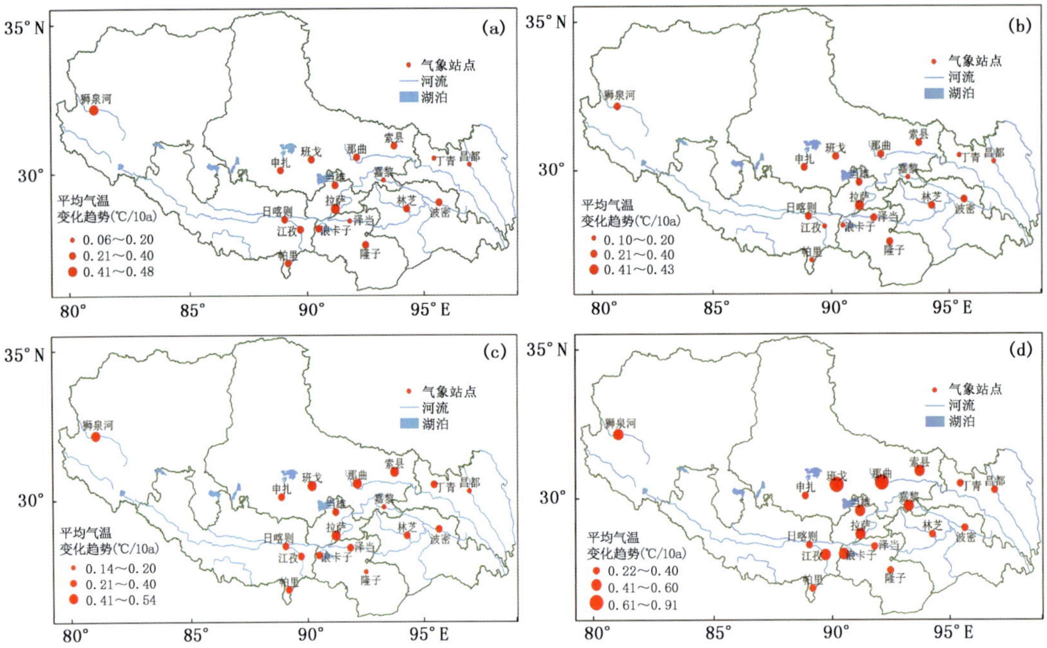

图 2.3　1961—2019 年西藏地表四季平均气温变化趋势空间分布

(a)春季,(b)夏季,(c)秋季,(d)冬季

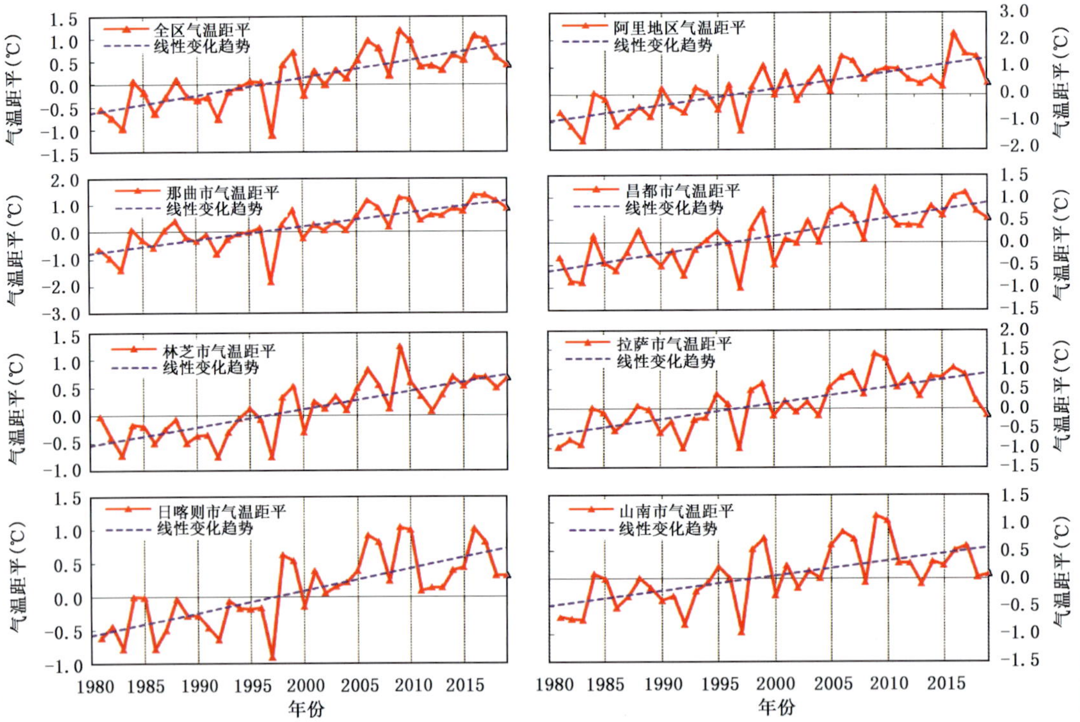

图 2.4　1981—2019 年西藏全区及各地(市)地表年平均气温距平变化趋势

2.1.1.2　拉萨站

1952—2019 年，拉萨国家基本站地表年平均气温呈显著升高趋势，升温率为 0.37 ℃/10a（$P<0.001$，图 2.5）。20 世纪 50—80 年代气温以偏低为主，进入 90 年代后，气温快速升高，1991—2019 年平均每 10 年升高 0.59 ℃（$P<0.001$）。

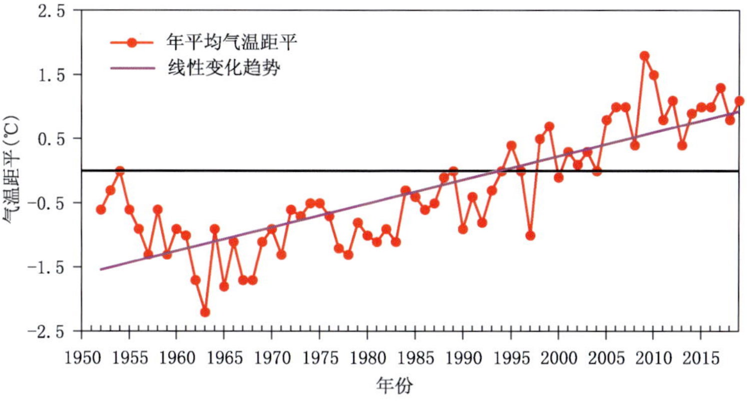

图 2.5　1952—2019 年拉萨地表年平均气温距平变化趋势

2019 年，拉萨站年平均气温为 9.6 ℃，较常年偏高 1.1 ℃，为 1952 年以来与 2012 年并列第四个偏暖年份。从拉萨四季地表平均气温变化趋势来看（表 2.3），各时间段季平均气温表现为升高趋势，主要表现在冬季，尤其是近 29 年（1991—2019 年），冬季升温率达 0.73 ℃/10a，秋季升温率次之，达到 0.65 ℃/10a。

表 2.3　拉萨地表平均气温升温率(℃/10a)

时间段(年)	年	冬季	春季	夏季	秋季
1952—2019	0.37****	0.47****	0.27****	0.36****	0.38****
1981—2019	0.58****	0.73****	0.49****	0.41****	0.66****
1991—2019	0.59****	0.73****	0.38***	0.60****	0.65****

注：***，**** 分别表示通过 0.01，0.001 显著性检验水平。

在 10 年际变化尺度上（表 2.4），20 世纪 60 年代以来，拉萨年、季地表平均气温表现为逐年代增高的变化特征，20 世纪 60 年代是最冷的 10 年，21 世纪最初 10 年是最暖的 10 年，特别是冬季更为突出，后者比前者偏高 2.8 ℃。而近 9 年（2011—2019 年）平均气温仍持续偏高，比 21 世纪最初 10 年偏暖 0.2 ℃，除冬季偏低 0.1 ℃外，其他各季偏高 0.2～0.4 ℃。

表 2.4　拉萨地表平均气温的各年代平均距平(℃)

年代	年	冬季	春季	夏季	秋季
20 世纪 50 年代	−0.7	−1.2	−0.1	−1.1	−0.6
20 世纪 60 年代	−1.4	−1.7	−1.2	−1.3	−1.5
20 世纪 70 年代	−0.9	−1.0	−0.8	−1.0	−0.7
20 世纪 80 年代	−0.6	−0.8	−0.7	−0.3	−0.7
20 世纪 90 年代	−0.1	−0.4	0.2	−0.3	0.0
21 世纪最初 10 年	0.7	1.1	0.5	0.5	0.7
2011—2019 年	0.9	1.0	0.7	0.7	1.1

注：距平为各年代平均值与 1981—2010 年平均值的差。

2.1.1.3 昌都站

1953—2019 年，昌都国家基准站地表年平均气温呈显著升高趋势，升温率为 0.13 ℃/10a（$P<0.001$，图 2.6）。20 世纪 50—80 年代气温以振荡为主，进入 90 年代后，气温明显升高，1991—2019 年升温率为 0.38 ℃/10a（$P<0.001$）。2019 年，昌都站年平均气温为 8.3 ℃，较常年值偏高 0.5 ℃，为 1953 年以来与 1964 年和 1999 年并列第六个偏暖年份。

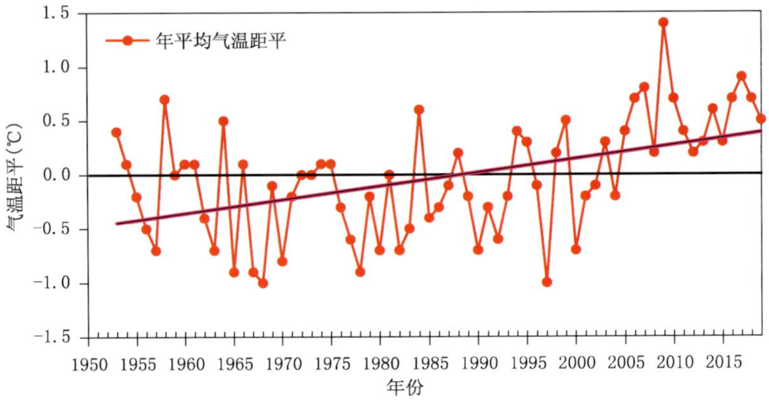

图 2.6　1953—2019 年昌都地表年平均气温距平变化

从昌都四季地表平均气温变化趋势来看（表 2.5），各时段气温均表现为升高趋势，尤其是冬季。近 29 年（1991—2019 年）升温幅度较大，冬季升温率达 0.57 ℃/10a，夏季升温率为 0.51 ℃/10a。

表 2.5　昌都地表平均气温升温率(℃/10a)

时间段(年)	年	冬季	春季	夏季	秋季
1953—2019	0.13****	0.26****	0.04	0.12***	0.08*
1981—2019	0.29****	0.47****	0.23**	0.24***	0.24***
1991—2019	0.38****	0.57****	0.19	0.51****	0.33*

注：*，**，***，**** 分别表示通过 0.10，0.05，0.01 和 0.001 显著性检验水平。

在 10 年际变化尺度上（表 2.6），总体来看，20 世纪 60 年代以来昌都年、冬季地表平均气温呈逐年代增高的变化特征，20 世纪 60 年代是最冷的 10 年，21 世纪最初 10 年是最暖的 10 年，在冬季，两个年代平均气温相差 1.6 ℃。而近 9 年（2011—2019 年）气温持续偏高，比 21 世纪最初 10 年偏高 0.1 ℃，就冬季偏低 0.2 ℃，春、夏季偏高 0.2～0.3 ℃，秋季无变化。

表 2.6　昌都地表平均气温的各年代平均距平(℃)

年代	年	冬季	春季	夏季	秋季
20 世纪 50 年代	0.0	−0.5	0.4	0.0	0.1
20 世纪 60 年代	−0.4	−0.8	−0.1	−0.4	−0.4
20 世纪 70 年代	−0.3	−0.7	−0.1	−0.3	−0.1
20 世纪 80 年代	−0.2	−0.4	−0.3	0.0	−0.2
20 世纪 90 年代	−0.1	−0.4	0.1	−0.3	−0.1
21 世纪最初 10 年	0.4	0.8	0.2	0.3	0.4
2011—2019 年	0.5	0.6	0.4	0.6	0.4

注：距平为各年代平均值与 1981—2010 年平均值的差。

2.1.2 平均最高气温和最低气温

2.1.2.1 全区

1961—2019 年，西藏地表年平均最低气温呈显著升高趋势(图 2.7(a)，表 2.7)，平均每 10 年升高 0.42 ℃($P<0.001$)，高于年平均气温的升温率；1991—2019 年升温率达到 0.50 ℃/10a($P<0.001$)。同样，地表年平均最高气温也呈明显升高趋势(图 2.7(b)，表 2.7)，平均每 10 年升高 0.28 ℃($P<0.001$)，但低于年平均气温和平均最低气温的上升速率。1997 年以前西藏年平均最高气温变化相对稳定，之后呈明显上升趋势；1991—2019 年升温率为 0.49 ℃/10a($P<0.001$)。四季平均最高、最低气温的升温主要表现在冬季(表 2.7)，尤其是近 29 年(1991—2019 年)冬季平均最高、最低气温升温率分别达 0.90 ℃/10a($P<0.01$)、0.63 ℃/10a($P<0.001$)，平均最高气温升温率大于平均最低气温。

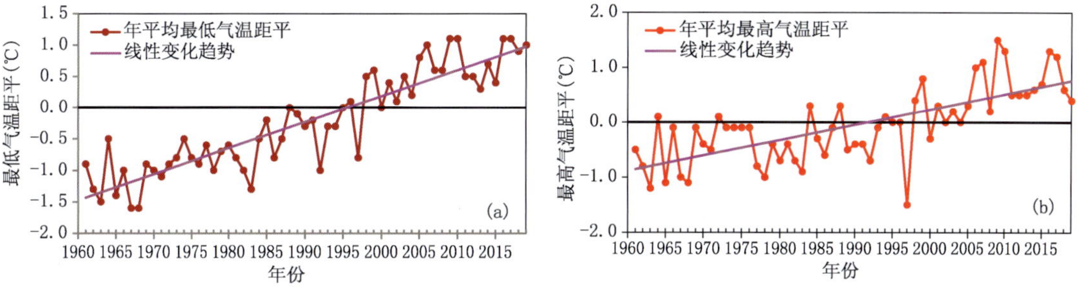

图 2.7 1961—2019 年西藏地表年平均最低气温(a)和平均最高气温(b)距平变化趋势

表 2.7 西藏地表平均最高、最低气温升温率(℃/10a)

要素	时间段(年)	年	冬季	春季	夏季	秋季
平均最高气温	1961—2019	0.28***	0.40***	0.20**	0.21***	0.30***
	1991—2019	0.49***	0.90**	0.22	0.39**	0.51**
平均最低气温	1961—2019	0.42***	0.55***	0.39***	0.32***	0.39***
	1991—2019	0.50***	0.63***	0.36**	0.53***	0.48**

注：**，*** 分别表示通过 0.01 和 0.001 显著性检验水平。

2019 年，西藏地表年平均最高气温为 12.1 ℃，比常年值偏高 0.4 ℃，是 1961 年以来并列第十四个高值年份。年平均最低气温为 −1.3 ℃，比常年值偏高 1.0 ℃，是 1961 年以来并列第五个高值年份。

从 1961—2019 年西藏地表年平均最高气温变化趋势空间分布来看，各站点地表年平均最高气温均表现为升高趋势(图 2.8(a))，平均每 10 年升高 0.09～0.46 ℃(除嘉黎未通过显著性检验外，其余站 $P<0.001$)，其中拉萨升温幅度最大，其次是索县(0.39 ℃/10a)，嘉黎最小；那曲市大部、拉萨、当雄、泽当、隆子、日喀则和狮泉河升温率大于 0.30 ℃/10a。在四季变化趋势上，平均最高气温表现出以下特征：①狮泉河最大升温率出现在春季，申扎、江孜出现在秋季，其余站点均发生在冬季；②春季(图略)，平均最高气温在嘉黎表现为较弱的降温趋势，其他各站呈升温趋势且 66.7%的站点 $P<0.05$；③夏季(图 2.8(b))、秋季(图略)，两季各站均表现为升温趋势且 $P<0.05$ 的站点依次为 14 个和 16 个；④冬季(图 2.8(c))，各站均表现为明显

升温趋势(18 个站 $P<0.05$),升温率分别在 0.24～0.59 ℃/10a(索县最大、江孜最小),其中那曲市大部、拉萨、当雄、泽当和丁青在 0.45 ℃/10a 以上。

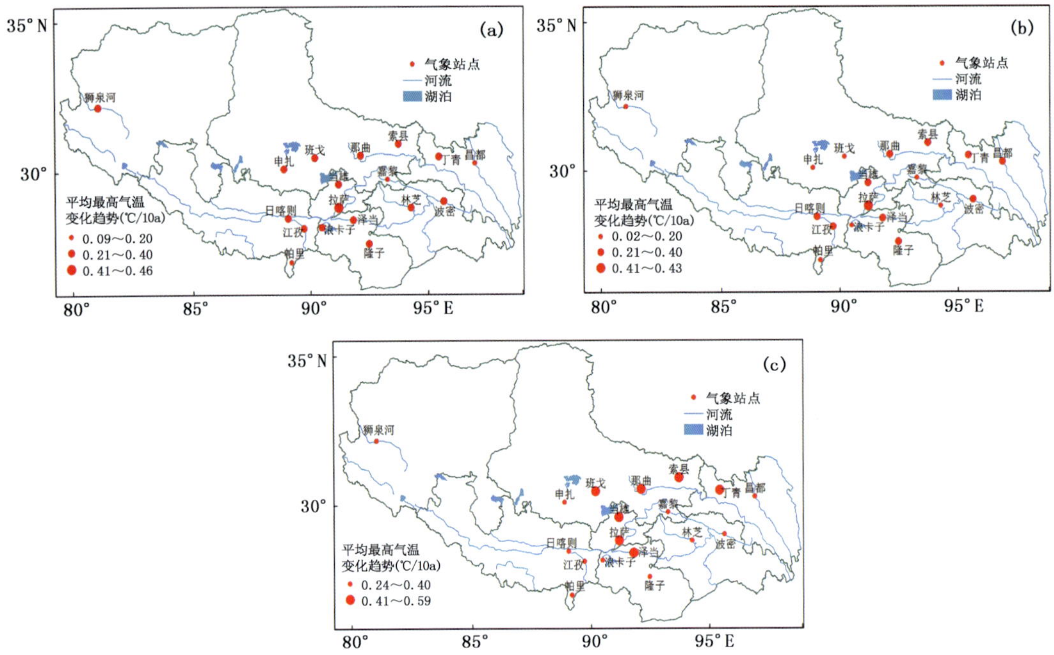

图 2.8　1961—2019 年西藏地表年、季平均最高气温变化趋势空间分布

(a)年,(b)夏季,(c)冬季

近 59 年西藏各站地表年平均最低气温均表现为明显升高趋势(图 2.9(a)),平均每 10 年升高 0.10～0.80 ℃(所有站 $P<0.001$),以那曲升温率最大,其次是班戈(0.75 ℃/10a),隆子最小。在四季变化趋势上,平均最低气温最大升温率出现的季节不同,日喀则、隆子在春季,狮泉河、林芝在夏季,泽当在秋季,其余站点均出现在冬季。除隆子平均最低气温在秋季无变化外,各站四季均呈升温趋势,其中春季升温率为 0.19～0.72 ℃/10a(所有站点 $P<0.001$),那曲最大,其次是拉萨(0.71 ℃/10a),隆子最小;夏季升温率为 0.16～0.63 ℃/10a(图 2.9(b),所有站点 $P<0.01$),狮泉河最大,那曲次之(0.63 ℃/10a),江孜和嘉黎最小;秋季隆子无变化,其他各站升温率为 0.16～0.75 ℃/10a(17 个站点 $P<0.01$),那曲最大,狮泉河其次(0.71 ℃/10a),江孜最小;冬季升温率为 0.06～1.27 ℃/10a(图 2.9(c),17 个站点 $P<0.01$),班戈最大,那曲次之(1.17 ℃/10a),隆子最小。

2.1.2.2　拉萨站

1952—2019 年,拉萨国家基本站地表年平均最高气温和平均最低气温均表现为显著上升趋势(图 2.10,表 2.8),升温率分别为 0.32 ℃/10a($P<0.001$)和 0.58 ℃/10a($P<0.001$),主要表现在冬季。进入 20 世纪 90 年代后,最高和最低气温快速上升,近 29 年(1991—2019 年)升温率分别达到 0.58 ℃/10a($P<0.001$)和 0.77 ℃/10a($P<0.001$),其中冬季最高气温上升更明显,平均每 10 年升高 0.97 ℃。

2019 年,拉萨站年平均最高气温为 17.0 ℃,较常年偏高 0.7 ℃,为 1952 年以来与 1999 年并列第十二个高值年份。年平均最低气温为 3.8 ℃,较常年偏高 1.6 ℃,是 1952 年以来与

2016 年并列第四个高值年份。

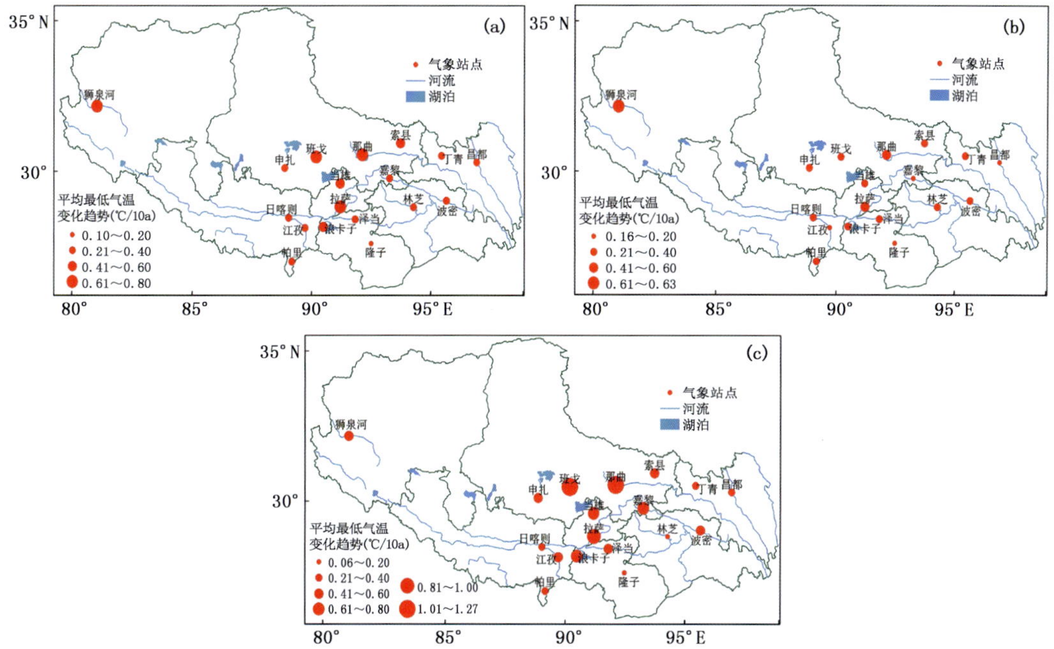

图 2.9　1961—2019 年西藏地表年、季平均最低气温变化趋势空间分布

(a)年,(b)夏季,(c)冬季

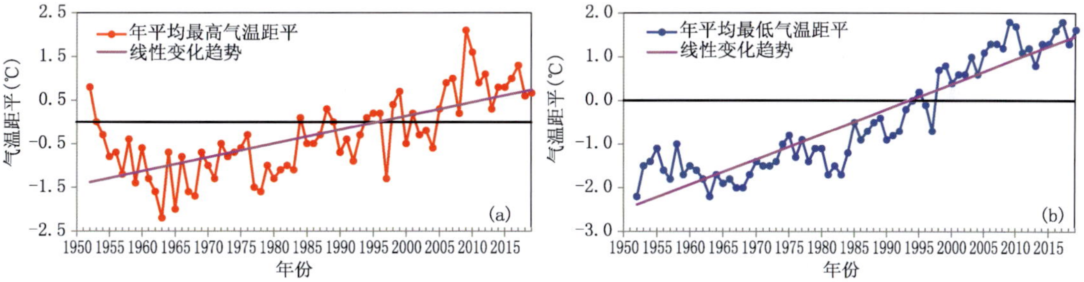

图 2.10　1952—2019 年拉萨地表年平均最高气温(a)和平均最低气温(b)距平变化趋势

表 2.8　拉萨地表平均最高气温和平均最低气温的升温率(℃/10a)

时间段(年)	年	冬季	春季	夏季	秋季
1952—2019	0.32***/0.58***	0.39***/0.69***	0.21**/0.58***	0.36***/0.48***	0.31***/0.55***
1981—2019	0.50***/0.86***	0.81***/0.94***	0.37*/0.86***	0.27*/0.70***	0.57***/0.95***
1991—2019	0.58***/0.77***	0.97**/0.81***	0.21/0.71***	0.50*/0.77***	0.66**/0.80***

注：*,**,*** 分别表示通过 0.05,0.01 和 0.001 显著性检验水平;“/”前后数字分别为平均最高气温和平均最低气温的升温率。

从拉萨站平均最高(最低)气温在10年际变化尺度上来看(表2.9),20世纪50—80年代年、季气温均为负距平;90年代冬季和夏季气温为负距平,春、秋两季气温为正常或正距平;进入21世纪初,年、季平均最高(最低)气温均表现正距平,尤其是冬季。20世纪60年代至21世纪最初10年表现为逐年代增温的变化特征,60年代是最冷的10年,21世纪最初10年是最暖的10年。21世纪最初10年与20世纪60年代比较,年平均最高气温和最低气温分别偏高1.9 ℃和2.9 ℃;冬季更明显,平均最高气温和最低气温分别偏高2.4 ℃和3.9 ℃。而近9年(2011—2019年)平均最高(最低)气温持续偏高,尤其是秋季最高气温比21世纪最初10年偏高0.8 ℃。

表2.9 拉萨地表平均最高气温和平均最低气温的各年代平均距平(℃)

年代	年	冬季	春季	夏季	秋季
20世纪50年代	−0.5/−1.5	−0.7/−1.8	−0.1/−1.5	−1.2/−1.5	−0.1/−1.4
20世纪60年代	−1.4/−1.8	−1.2/−2.6	−1.2/−1.9	−1.6/−1.2	−1.3/−1.5
20世纪70年代	−1.0/−1.2	−0.9/−1.6	−0.8/−1.4	−1.2/−1.0	−0.9/−0.8
20世纪80年代	−0.5/−1.0	−0.7/−1.1	−0.6/−1.1	−0.1/−0.7	−0.5/−1.1
20世纪90年代	−0.2/0.0	−0.6/−0.1	0.3/0.0	−0.3/−0.2	0.0/0.1
21世纪最初10年	0.5/1.1	1.2/1.3	0.3/1.0	0.3/0.9	0.4/1.2
2011—2019年	0.8/1.3	1.2/1.4	0.4/1.2	0.6/1.2	1.2/1.5

注:距平为各年代平均值与1981—2010年平均值的差;"/"前后数字分别为平均最高气温和最低气温的距平。

2.1.2.3 昌都站

1954—2019年,昌都国家基准站地表年平均最高气温和平均最低气温都表现为明显上升趋势(图2.11,表2.10),升温率分别为0.14 ℃/10a($P<0.001$)和0.18 ℃/10a($P<0.001$),主要表现在冬季。近39年(1981—2019年)年平均最高气温和最低气温上升速度更快,升温率分别达到0.31 ℃/10a($P<0.001$)和0.38 ℃/10a($P<0.001$),最高气温以冬、夏季升温为主,最低气温以冬、秋季升温为主。进入20世纪90年代后,平均最高气温在春季升温率明显变小,其他三季最高气温继续升高;而四季平均最低气温上升趋势更显著,升温率为0.38~0.52 ℃/10a($P<0.01$),以夏季最高。

2019年,昌都站年平均最高气温为17.1 ℃,较常年偏高0.2 ℃,为1954年以来并列第十八个高值年份。年平均最低气温为1.8 ℃,较常年偏高0.7 ℃,是1954年以来并列第五个高值年份。

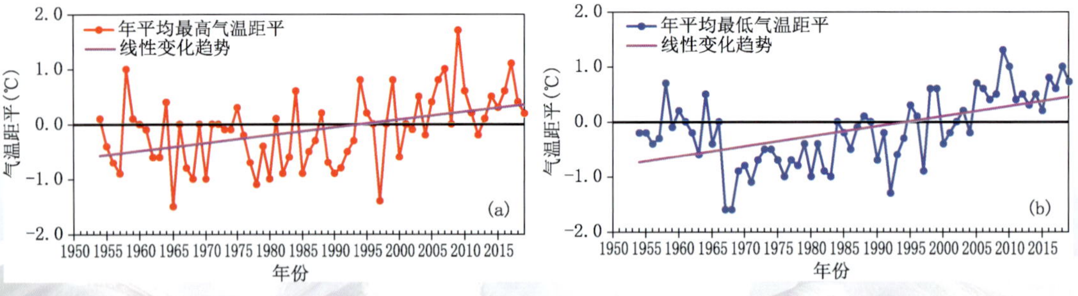

图2.11 1954—2019年昌都地表年平均最高气温(a)和平均最低气温(b)距平变化趋势

表 2.10 昌都地表平均最高气温和平均最低气温的升温率(℃/10a)

时间段(年)	年	冬季	春季	夏季	秋季
1954—2019	0.14***/0.18***	0.30***/0.25***	0.03/0.17***	0.19**/0.14**	0.04/0.16***
1981—2019	0.31***/0.38***	0.57**/0.47***	0.25*/0.34***	0.26/0.34***	0.17/0.40***
1991—2019	0.33*/0.47***	0.65*/0.48**	0.04/0.38**	0.57**/0.52***	0.14/0.49**

注：*，**，***分别表示通过 0.05,0.01 和 0.001 显著性检验水平；“/”前后数字分别为平均最高气温和平均最低气温的升温率。

在 10 年际变化尺度上(表 2.11)，总体来看，20 世纪 70 年代至 21 世纪初昌都年、季平均最高(最低)气温表现为逐年代上升的变化特征。年平均最高气温最小值出现在 20 世纪 60 年代，而年平均最低气温最小值出现在 70 年代。四季平均最高(最低)气温的最小值出现的年代也不尽相同。不过，年、季平均最高(最低)气温的最大值均出现在 21 世纪最初 10 年里，21 世纪最初 10 年与 20 世纪 60 年代比较，昌都年平均最高气温和最低气温均偏高 1.0 ℃；在冬季，平均最高气温和最低气温分别偏高 1.9 ℃和 1.6 ℃。而近 9 年(2011—2019 年)昌都年平均最高(最低)均为正距平，与 21 世纪最初 10 年比较，年平均最高气温偏低 0.1 ℃，年平均最低气温偏高 0.2 ℃，四季平均最高气温偏低 0.1～0.4 ℃，平均最低气温除冬季偏低 0.2 ℃外，其他季节偏高 0.2～0.3 ℃。

表 2.11 昌都地表平均气温的各年代平均距平(℃)

年代	年	冬季	春季	夏季	秋季
20 世纪 60 年代	−0.5/−0.6	−0.8/−0.8	−0.1/−0.4	−0.7/−0.1	−0.3/−0.6
20 世纪 70 年代	−0.3/−0.7	−0.7/−1.1	−0.1/−0.5	−0.2/−0.6	−0.3/−0.5
20 世纪 80 年代	−0.4/−0.4	−0.6/−0.4	−0.5/−0.3	0.0/−0.1	−0.3/−0.4
20 世纪 90 年代	−0.2/−0.2	−0.5/−0.3	0.2/0.0	−0.3/−0.2	−0.1/−0.1
21 世纪最初 10 年	0.5/0.4	1.1/0.8	0.3/0.4	0.3/0.4	0.3/0.4
2011—2019 年	0.4/0.6	0.7/0.6	0.2/0.6	0.6/0.7	0.1/0.6

注：距平为各年代平均值与 1981—2010 年平均值的差；“/”前后数字分别为平均最高气温和平均最低气温的距平。

2.1.3 气温年较差和日较差

2.1.3.1 气温年较差

1961—2019 年，西藏气温年较差表现为明显变小趋势，平均每 10 年减小 0.23 ℃($P<0.01$，图 2.12)；近 29 年(1991—2019 年)气温年较差也趋于减小，为 0.16 ℃/10a(未通过显著性检验)。

2019 年，西藏气温年较差为 20.6 ℃，较常年值偏大 1.5 ℃，为 1961 年以来并列第十个高值年份。各地气温年较差在 15.6～27.0 ℃，林芝最小、狮泉河最大。其中，那曲市、狮泉河和当雄在 20.0 ℃以上。与 2018 年比较，隆子和帕里气温年较差偏小，其他各地气温年较差均偏大。

从西藏气温年较差在 10 年际变化尺度上来看(图 2.13)，20 世纪 60 年代最高，较常年值偏高 1.2 ℃；70—90 年代气温年较差仍处于偏高期，且呈逐年代增加趋势；进入 21 世纪初，气温年较差较常年值偏低 0.8 ℃，而近 9 年(2011—2019 年)气温年较差出现增加趋势，比 21 世纪最初 10 年偏高 1.0 ℃。在 30 年际变化尺度上，1981—2010 年气温年较差最低，分别比 1961—1990 年和 1971—2000 年偏低 0.5 ℃和 0.3 ℃。

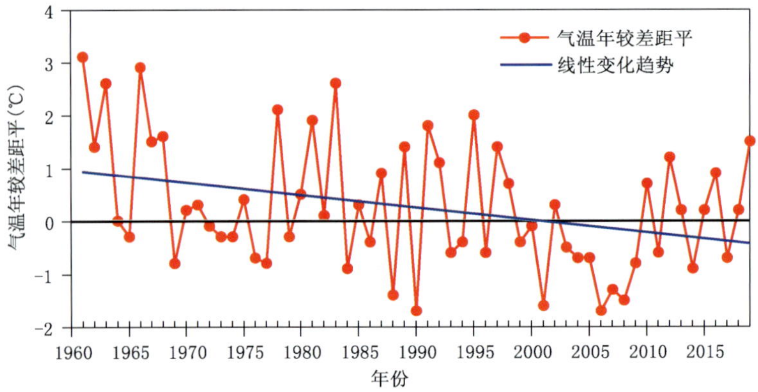

图 2.12　1961—2019 年西藏气温年较差距平变化趋势

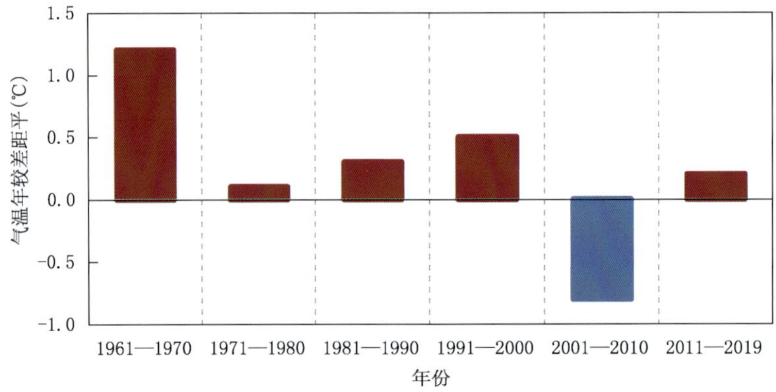

图 2.13　1961—2019 年西藏气温年较差的年代际变化

从近 59 年(1961—2019 年)西藏各站气温年较差变化趋势来看(图 2.14),狮泉河、日喀则、隆子为 0.07 ℃/10a,林芝为 0.03 ℃/10a,均为变大趋势,其他各站均呈现为一致的变小趋

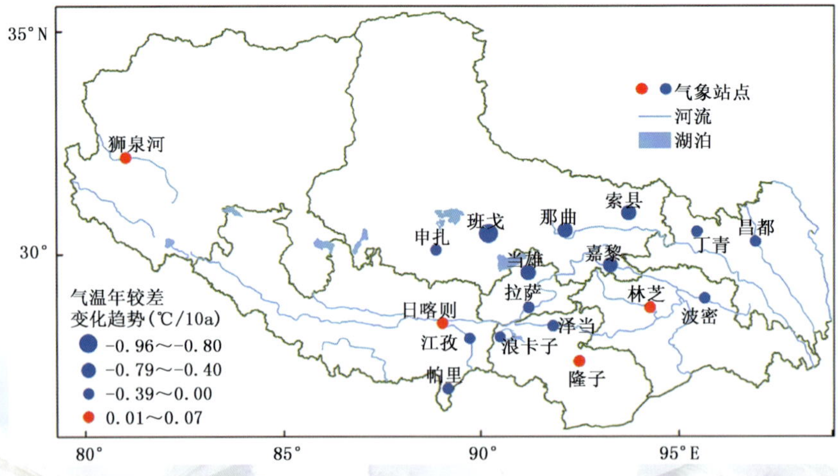

图 2.14　1961—2019 年西藏气温年较差变化趋势空间分布

势，减幅为 0.07～0.96 ℃/10a（8 个站 $P<0.05$），其中班戈减幅最大（$P<0.001$），那曲次之，为 0.73 ℃/10a（$P<0.001$），泽当减幅最小。藏北地区海拔 4000 m 以上气温年较差变小幅度较大，在 0.47 ℃/10a 以上。

2.1.3.2　气温日较差

1961—2019 年，西藏年气温日较差表现为明显变小趋势（图 2.15，表 2.12），平均每 10 年减小 0.14 ℃（$P<0.001$），主要表现在春季，为 −0.20 ℃/10a（$P<0.001$）。近 39 年（1981—2019 年）气温日较差呈变小趋势，为 −0.09 ℃/10a（$P<0.05$），与气温日较差冬季变大、春季减小趋缓有关。近 29 年（1991—2019 年）气温日较差呈微弱变小趋势，为 −0.01 ℃/10a（未通过显著性检验），主要与春季气温日较差变小有关（−0.13 ℃/10a，未通过显著性检验）。2019 年西藏年气温日较差为 13.4 ℃，较常年值偏低 0.6 ℃。

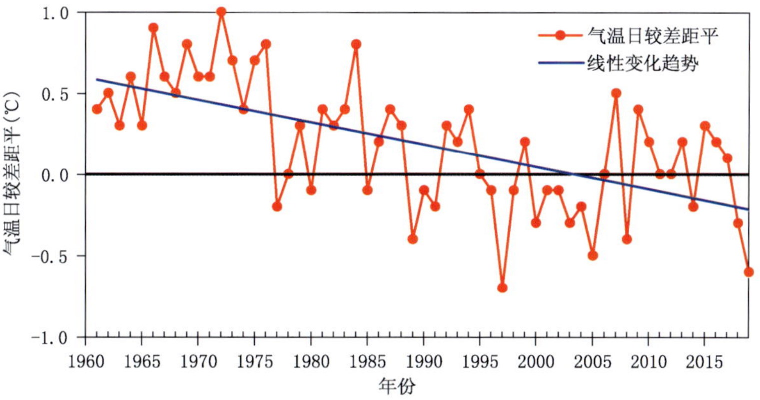

图 2.15　1961—2019 年西藏年气温日较差距平变化趋势

表 2.12　西藏平均气温日较差的变化率（℃/10a）

时间段（年）	年	冬季	春季	夏季	秋季
1961—2019	−0.14***	−0.14*	−0.20***	−0.10*	−0.10*
1981—2019	−0.09*	0.09	−0.09	−0.21**	−0.14
1991—2019	−0.01	0.28*	−0.13	−0.10	−0.02

注：*，**，*** 分别表示通过 0.05，0.01 和 0.001 显著性检验水平。

在 10 年际变化尺度上，西藏年气温日较差在 20 世纪 60 年代至 90 年代呈逐年代变小趋势，60 年代是最大的 10 年，而 90 年代、21 世纪最初 10 年、2011—2019 年无变化。在 30 年际变化尺度上，1981—2010 年气温日较差分别比 1961—1990 年和 1971—2000 年偏小 0.4 ℃和 0.2 ℃。

从近 59 年（1961—2019 年）西藏各地气温日较差变化趋势空间分布来看（图 2.16），年平均情况下，仅日喀则和隆子 2 个站呈变大趋势，增幅分别为 0.04 ℃/10a 和 0.19 ℃/10a（$P<0.001$）；申扎无变化；其他各站呈现为一致的变小趋势，减幅为 0.01～0.48 ℃/10a（12 个站 $P<0.05$），其中班戈减幅最大（$P<0.001$），其次是那曲，为 0.45 ℃/10a（$P<0.001$），索县减幅最小。

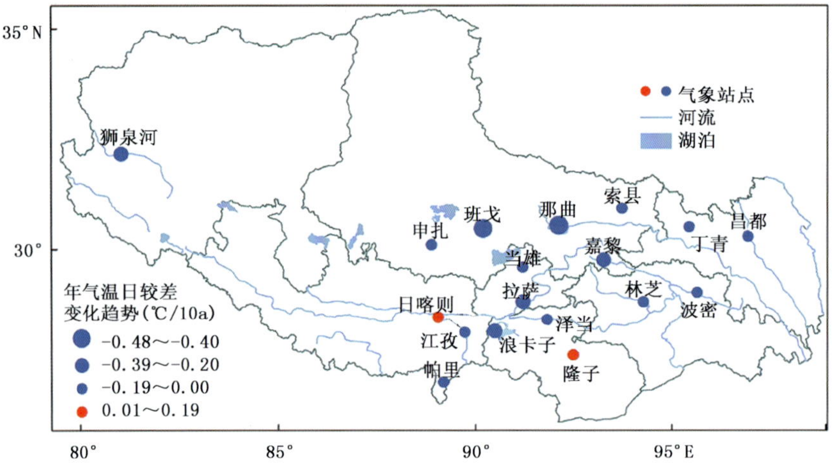

图 2.16　1961—2019 年西藏年气温日较差变化趋势空间分布

从 1961—2019 年西藏四季气温日较差变化趋势空间分布来看，春季(图 2.17(a))气温日较差只在申扎和隆子 2 个站呈变大趋势，增幅均为 0.04 ℃/10a；其他各站趋于变小，减幅为 0.01～0.52 ℃/10a(14 个站 $P<0.05$)，以那曲减幅最大($P<0.001$)，林芝减幅最小。夏季(图 2.17(b))，气温日较差趋于增大的站点有 4 个站，分布在昌都、索县、江孜和隆子，增幅为 0.03～0.08 ℃/10a(未通过显著性检验；以索县最大，昌都最小)；丁青无变化；其他各站为变小趋势，减幅为 0.01～0.47 ℃/10a(7 个站 $P<0.05$)，其中狮泉河减幅最大($P<0.001$)，班戈次之(0.29 ℃/10a，$P<0.001$)，当雄减幅最小。秋季(图 2.17(c))，申扎、日喀则、江孜和隆子

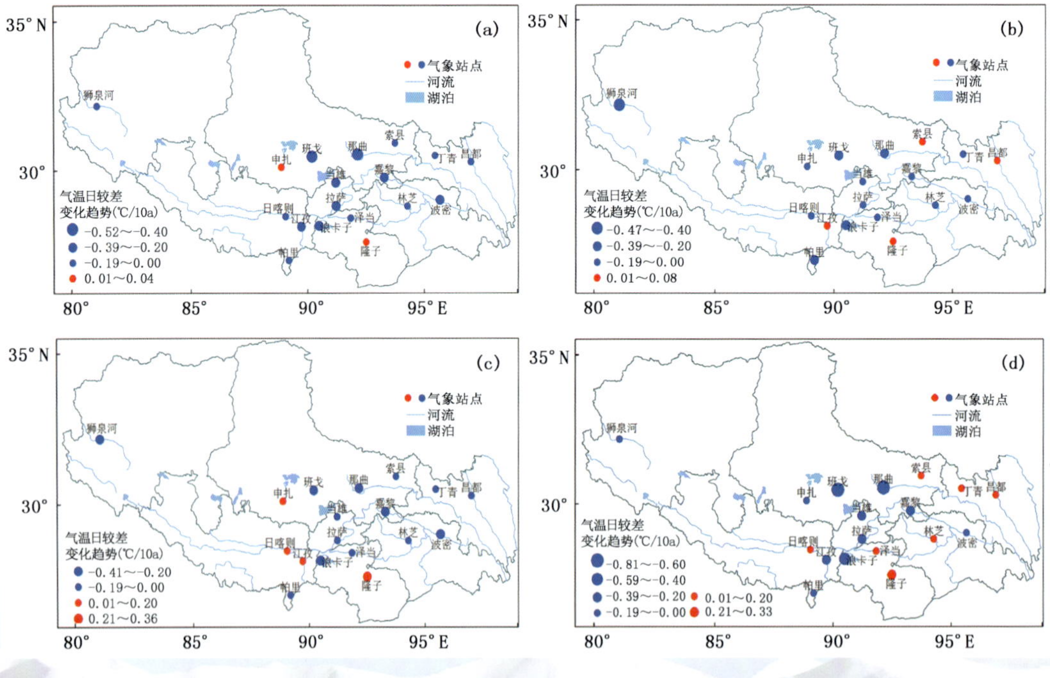

图 2.17　1961—2019 年西藏四季气温日较差变化趋势空间分布
(a)春季，(b)夏季，(c)秋季，(d)冬季

4 个站气温日较差呈增大趋势，增幅为 0.12～0.36 ℃/10a(隆子、日喀则和江孜 3 个站 $P<0.01$)，其中隆子增幅最大、日喀则次之(0.18 ℃/10a，$P<0.01$)，申扎最小；其他各站表现为变小趋势，减幅为 0.06～0.41 ℃/10a(8 个站 $P<0.05$)，以狮泉河减幅最大($P<0.01$)，那曲次之，为 0.38 ℃/10a，林芝和索县减幅最小。冬季(图 2.17(d))，昌都、丁青、索县、林芝、隆子、泽当和日喀则 7 个站的气温日较差呈增大趋势，增幅为 0.01～0.33 ℃/10a(隆子、日喀则和林芝 3 个站 $P<0.01$)，其中隆子增幅最大($P<0.001$)、昌都增幅最小；其他各站表现为变小趋势，减幅为 0.04～0.81 ℃/10a(7 个站 $P<0.05$)，以班戈减幅最大($P<0.001$)，那曲次之(0.67 ℃/10a，$P<0.001$)，申扎和帕里减幅最小。

2.1.4 降水

2.1.4.1 降水量

(1)全区

1961—2019 年，西藏年降水量呈增加趋势，平均每 10 年增加 7.49 mm($P<0.10$，图 2.18，表 2.13)，较 1961—2018 年的增幅(7.65 mm/10a)略偏小。近 39 年(1981—2019 年)年降水量增加趋势明显，增幅为 13.64 mm/10a($P<0.10$)，主要表现在春季(5.21 mm/10a，$P<0.01$)和夏季(9.44 mm/10a)。但近 29 年(1991—2019 年)全区年降水量增幅变小(5.23 mm/10a)，春、夏两季降水量趋于增加，秋、冬两季为减少态势。2019 年，西藏平均年降水量为 473.5 mm，比常年值(462.1mm)偏多 11.4 mm，为 1961 年以来第二十九个多雨年。

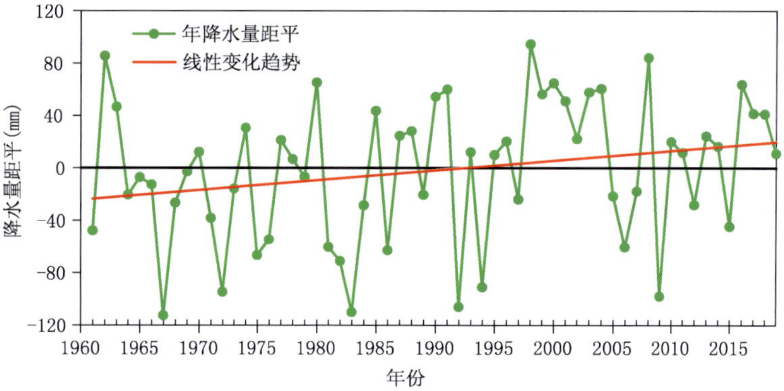

图 2.18 1961—2019 年西藏年降水量距平变化趋势

表 2.13 西藏降水量的变化趋势(mm/10a)

时间段(年)	年	春季	夏季	秋季	冬季
1961—2019	7.49*	4.59***	0.64	1.61	0.62*
1981—2019	13.64*	5.21***	9.44	−0.94	−0.09
1991—2019	5.23	5.05	2.35	−2.08	−0.20

注：*，*** 分别表示通过 0.10 和 0.01 显著性检验水平

西藏年降水量变化趋势与全国八大区域比较表明，华北、东北、华东、华中、华南和西北地区年降水量无明显线性变化趋势，但均存在年代际波动变化。西南地区年降水量呈明显下降趋势(14.2 mm/10a)，青藏高原年降水量呈增加趋势(8.0 mm/10a)，高于西藏的增幅。

西藏年降水量在10年际变化尺度上(图2.19),20世纪60—80年代偏少,呈逐年代递减态势,90年代至21世纪初偏多;20世纪80年代是近50年降水最少的10年,90年代和21世纪初降水均偏多,90年代是近50年降水最多的10年。在30年际变化尺度上,年降水量呈逐年代际增多趋势,1981—2010年平均值较1961—1990年和1971—2000年的平均值分别偏多14.5 mm和8.4 mm。

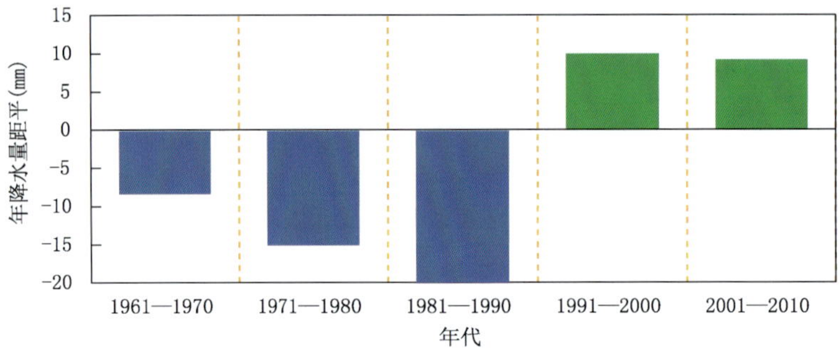

图2.19　1961—2010年西藏年降水量的年代际变化

从1961—2019年西藏年降水量变化趋势空间分布来看(图2.20),江孜、日喀则和波密年降水量表现为减少趋势,分别为−2.54 mm/10a、−0.38 mm/10a和−1.47 mm/10a;其他各站均呈增加趋势,增幅为0.96～23.35 mm/10a,其中嘉黎增幅最大($P<0.01$),班戈次之(17.08 mm/10a,$P<0.01$),泽当最小;那曲市各站、拉萨和林芝增幅大于10.00 mm/10a。

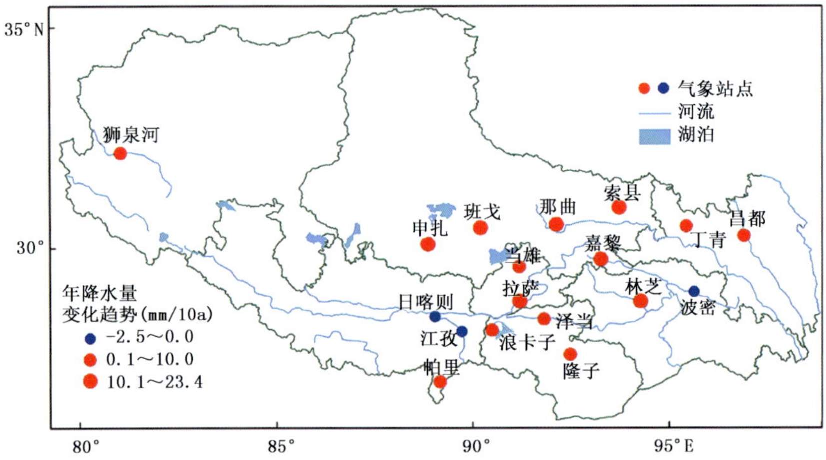

图2.20　1961—2019年西藏年降水量变化趋势空间分布

就四季降水量变化趋势的地域分布而言,近59年(1961—2019年)西藏各站季降水量变化趋势表现的各不相同。春季降水量在所有站点上都表现为增加趋势(图2.21(a)),增幅为0.28～8.70 mm/10a(12个站点$P<0.05$),其中丁青增幅最大($P<0.001$),波密次之(8.26 mm/10a),狮泉河最小。夏季(图2.21(b)),那曲市、狮泉河、拉萨、浪卡子、隆子和林芝等地降水量呈增加趋势,增幅为0.25～11.15 mm/10a,增幅以申扎最大($P<0.05$),其次是班戈(10.01 mm/10a,$P<0.05$),索县最小;其他各站表现为减少趋势,为−1.18～

－12.50 mm/10a，其中波密减幅最大（P<0.10），丁青次之（11.42 mm/10a，P<0.10），日喀则最小。秋季（图 2.21(c)），降水量趋于减小的站点主要分布在沿雅鲁藏布江一线、南部边缘地区和阿里地区西部，为－0.48～－3.09 mm/10a（均未通过显著性检验水平），以帕里减幅最大，日喀则次之，为 2.59 mm/10a；其他各站降水量呈增加趋势，增幅为 0.11～9.35 mm/10a，以嘉黎增幅最大（P<0.01），其次是丁青（7.62 mm/10a，P<0.01），拉萨增幅最小。冬季（图 2.21(d)），降水量在狮泉河和浪卡子两个站表现为减少趋势（小于－0.10 mm/10a），其余各站均表现为增加趋势，但增幅不大，为 0.18～1.87 mm/10a（仅那曲市大部 P<0.05），其中帕里最大，索县次之（1.35 mm/10a），江孜最小。

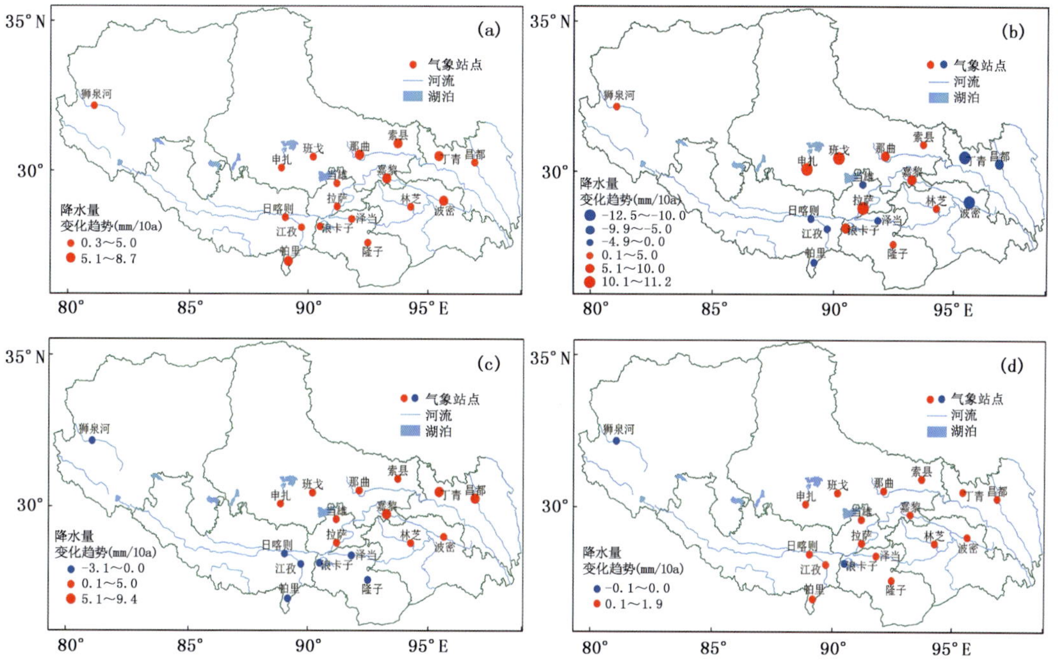

图 2.21　1961—2019 年西藏地表四季降水量变化趋势空间分布

(a)春季，(b)夏季，(c)秋季，(d)冬季

1981—2019 年，就西藏 7 个地（市）平均年降水量的变化趋势（图 2.22）而言，林芝市呈减少趋势，平均每 10 年减少 15.75 mm；其余地（市）降水量趋于增加，增幅为 6.74～25.52 mm/10a，其中拉萨市增幅最大（25.52 mm/10a，P<0.10），其次是那曲市，为 21.33 mm/10a（P<0.05）；日喀则市增幅最小，每 10 年仅增加 6.74 mm；阿里地区、山南市和昌都市依次为 11.73 mm/10a（P<0.05）、18.70 mm/10a（P<0.10）和 13.54 mm/10a。

（2）拉萨站

1952—2019 年，拉萨国家基本站年降水量呈增加趋势，平均每 10 年增加 7.48 mm（图 2.23，表 2.14），较 1952—2018 年的增幅（7.25 mm/10a）略偏大，主要表现在春、夏两季。近 39 年（1981—2019 年）年降水量增幅明显，为 35.70 mm/10a（P<0.05），以夏季增幅最突出。1991 年以来，拉萨年降水量增幅为 28.66 mm/10a，主要因秋季降水量显著减少，抵扣了夏季降水量增加的效应。2019 年，拉萨站年降水量为 490.2 mm，较常年值偏多 51.6 mm，为 1952

年以来第二十三个多雨年份。

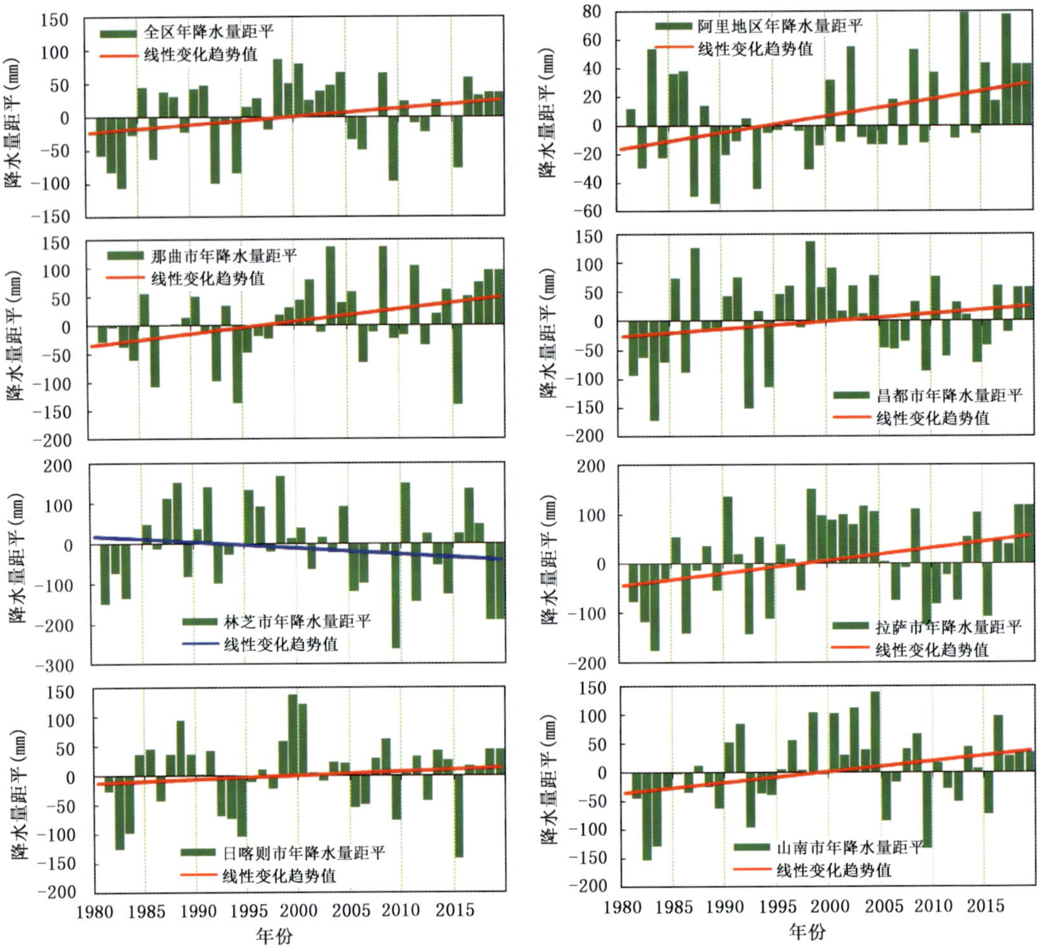

图 2.22　1981—2019 年西藏全区及各地(市)平均年降水量距平变化趋势

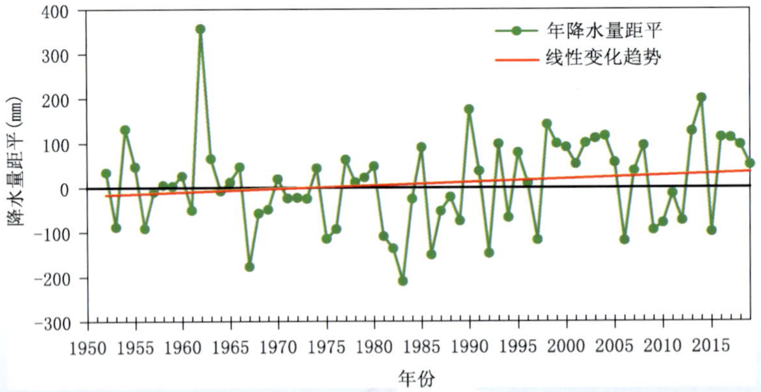

图 2.23　1952—2019 年拉萨年降水量距平变化趋势

表 2.14 拉萨降水量的变化趋势(mm/10a)

时间段(年)	年	春季	夏季	秋季	冬季
1952—2019	7.48	2.81*	3.26	1.41	0.60*
1981—2019	35.70**	4.11	36.63***	−5.17	0.21
1991—2019	16.48	1.38	28.66	−13.84***	0.39

注:*,**,***分别表示通过 0.10,0.05 和 0.01 显著性检验水平。

(3)昌都站

1953—2019 年,昌都国家基准站年降水量总体上呈增加趋势,平均每 10 年增加 2.64 mm(图 2.24,表 2.15),较 1953—2018 年的增幅(2.95 mm/10a)略偏小。近 39 年(1981—2019 年)降水量增幅为 7.38 mm/10a,但近 29 年(1991—2019 年)降水量呈减少趋势,为−8.71 mm/10a。就四季降水量的变化趋势而言,春季降水量在不同时间段内均表现为增加趋势。近 67 年(1953—2019 年)来,夏季降水量总体上趋于减少,特别是近 29 年(1991—2019 年)减幅较大,为−23.99 mm/10a。1953—2019 年,秋季降水量呈增加趋势,近 29 年增幅明显。冬季降水量在近 67 年里呈弱的减少趋势,不过近 29 年冬季降水趋于增加态势。2019 年,昌都站年降水量为 469.1 mm,较常年值偏少 20.2 mm,是 1953 年以来第三十一个少雨年份。

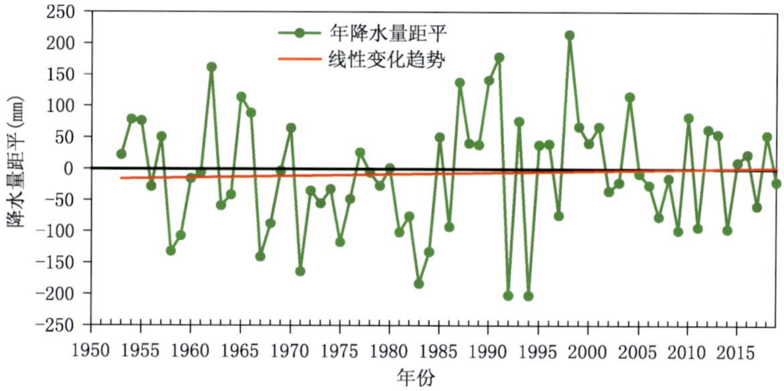

图 2.24 1953—2019 年昌都年降水量距平变化趋势

表 2.15 昌都降水量的变化趋势(mm/10a)

时间段(年)	年	春季	夏季	秋季	冬季
1953—2019	2.64	2.30	−3.30	3.72	−0.08
1981—2019	7.38	2.03	1.97	3.18	0.13
1991—2019	−8.71	1.87	−23.99	12.00	1.20

注:均未通过显著性检验。

2.1.4.2 降水日数

1961—2019 年,西藏降水量≥0.1 mm 的年降水日数呈增加趋势(图 2.25,表 2.16),平均每 10 年增加 0.13 d,主要表现在春季(0.65 d/10a,$P<0.05$);夏、秋两季年降水日数趋于减少。近 39 年(1981—2019 年)西藏年降水日数增加趋势略有加大,为 0.31 d/10a,主要体现在夏季(0.95 d/10a);冬季降水日数呈显著减少趋势,为−0.76 d/10a($P<0.01$)。

2019年，西藏平均年降水日数为115.0 d，比常年值(117.8d)偏少2.8 d，为1961年以来第二十二个偏少年份。

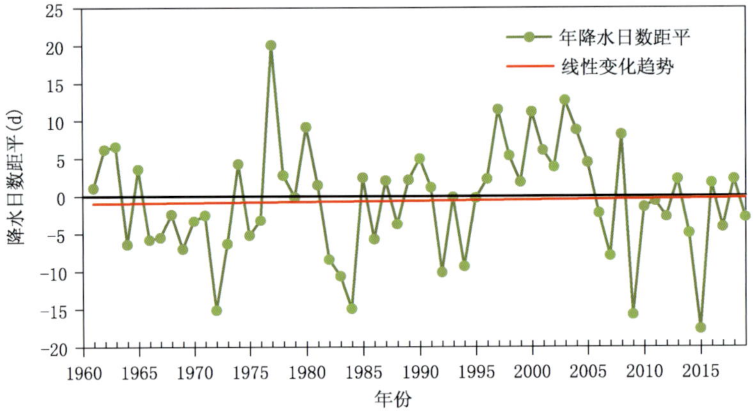

图2.25　1961—2019年西藏年降水日数距平变化趋势

表2.16　西藏降水日数的变化趋势(d/10a)

时间段(年)	年	春季	夏季	秋季	冬季
1961—2019	0.13	0.65*	−0.28	−0.28	0.02
1981—2019	0.31	0.28	0.95	−0.18	−0.76**

注：*，**表示通过0.05和0.01显著性检验水平。

根据1961—2019年西藏各站降水量≥0.1 mm的年降水日数分析发现(图2.26)，沿雅鲁藏布江一线、林芝市、狮泉河、帕里和隆子等地表现为减少趋势，为−0.09～−2.81 d/10a，波密减幅最大($P<0.01$)，其次是浪卡子，为1.74 d/10a，帕里减幅最小；其他各站呈增加趋势，增幅为0.68～3.80 d/10a(3个站$P<0.05$)，其中班戈增幅最大($P<0.01$)，那曲次之，为2.65 d/10a($P<0.01$)，昌都增幅最小。

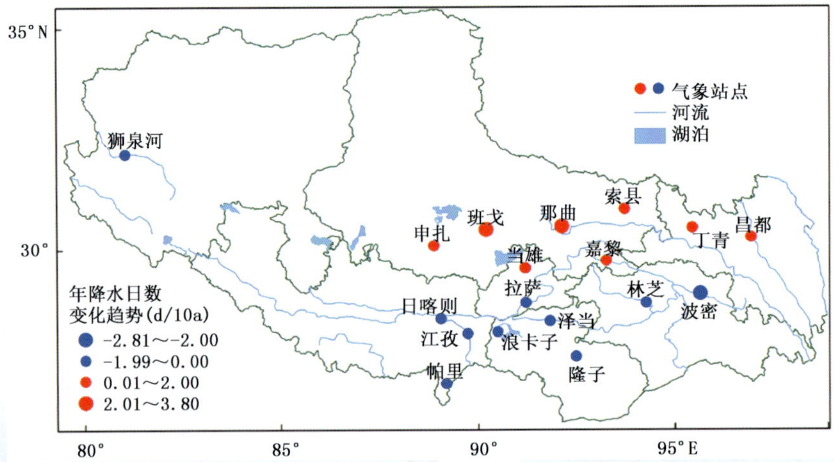

图2.26　1961—2019年西藏年降水日数变化趋势空间分布

从 1961—2019 年西藏站点降水量≥0.1 mm 的四季降水日数变化趋势空间分布来看，春季(图 2.27(a))，降水日数仅在狮泉河和波密两个站表现为减少趋势(分别为－0.21 d/10a 和－0.18 d/10a)；其他各站均呈增加趋势，增幅为 0.15～1.77 d/10a(4 个站 $P<0.05$)，班戈增幅最大($P<0.01$)，那曲次之，为 1.67 d/10a($P<0.01$)，林芝增幅最小。夏季(图 2.27(b))，那曲市大部、狮泉河降水日数趋于增加，增幅为 0.26～1.04 d/10a，班戈增幅最大，申扎次之，为 0.54 d/10a，狮泉河和那曲增幅最小；其他各站均呈减少趋势，为－0.03～－1.22 d/10a(波密和帕里站 $P<0.01$)，以波密减幅最大，江孜次之(1.21 d/10a)，林芝减幅最小。秋季(图 2.27(c))，降水日数趋于增加的站点分布在昌都市北部、那曲市大部和狮泉河，增幅为 0.01～0.53 d/10a，以那曲增幅最大、狮泉河增幅最小；其他各站均呈减少趋势，为－0.26～－1.63 d/10a(浪卡子和林芝站 $P<0.01$)，以浪卡子减幅最大，林芝次之为 1.08 d/10a，申扎减幅最小。冬季(图 2.27(d))，那曲市东部、林芝市、狮泉河、当雄、浪卡子等地降水日数表现为减少趋势，为－0.03～－0.66 d/10a，以波密减幅最大($P<0.05$)，其次是嘉黎，为 0.55 d/10a，当雄减幅最小；其他各站呈增加趋势，增幅为 0.02～0.71 d/10a(班戈和隆子两个站 $P<0.05$)，以班戈最大，日喀则最小。

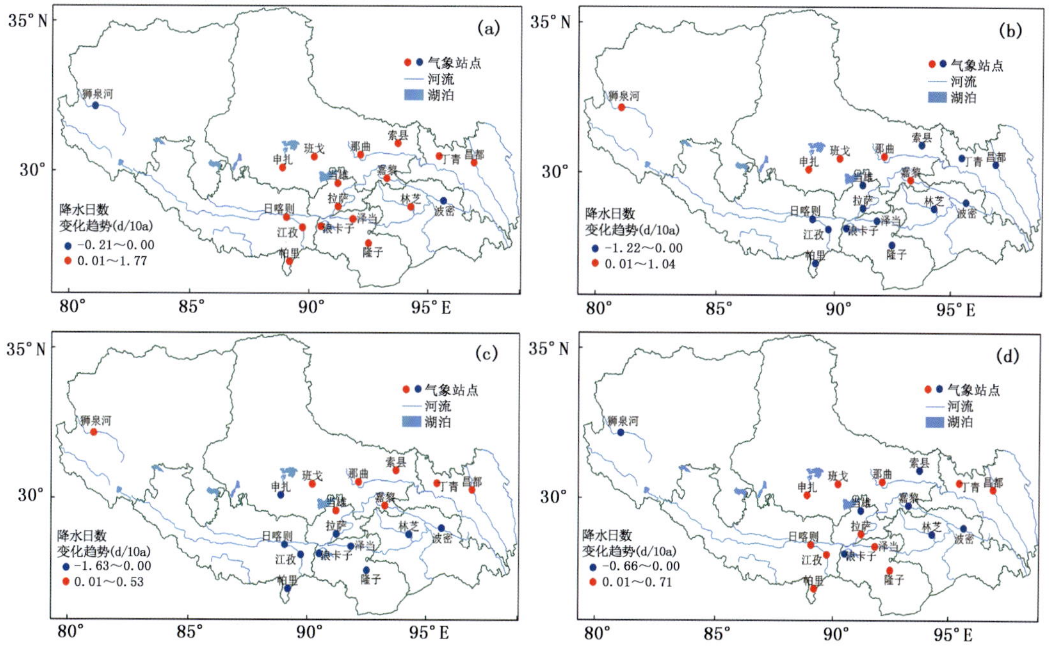

图 2.27　1961—2019 年西藏四季降水日数变化趋势空间分布

(a)春季，(b)夏季，(c)秋季，(d)冬季

2.1.5　日照时数

2.1.5.1　年日照时数

1961—2019 年，西藏年日照时数呈减少趋势(图 2.28，表 2.17)，平均每 10 年减少 19.40 h ($P<0.01$)，较 1961—2018 年减幅(14.55 h/10a)偏大；西藏日照时数减少主要体现在夏季(－6.52 h/10a，$P<0.10$)，而冬季日照时数呈增加趋势(1.85 h/10a，$P<0.10$)。近 39 年

(1981—2019 年)西藏年日照时数减少趋势更明显,达−59.54 h/10a($P<0.001$);除冬季日照时数趋于增多外,其他三季日照时数都表现为显著的减少趋势,以夏季减少最突出,为−19.53 h/10a($P<0.01$),春季次之,为−10.54 h/10a($P<0.01$)。2019 年,西藏年日照时数 2 390.1 h,较常年值偏少 345.5 h,继 2018 年后再次创 1961 年以来的新低。

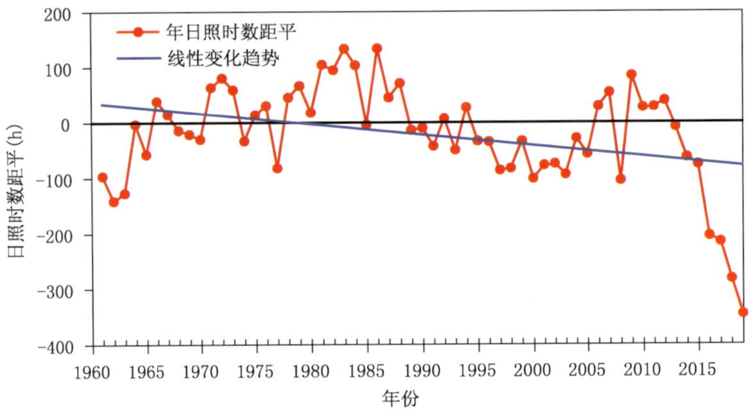

图 2.28 1961—2019 年西藏年日照时数距平变化趋势

表 2.17 西藏日照时数的变化趋势(h/10a)

时间段(年)	年	春季	夏季	秋季	冬季
1961—2019	−19.40***	−2.85*	−6.52*	−2.18	1.85
1981—2019	−59.54***	−10.54***	−19.53***	−10.41***	0.84

注:*,*** 分别表示通过 0.10 和 0.01 显著性检验水平。

就西藏平均而言,年日照时数在 10 年际变化尺度上(图 2.29),20 世纪 60 年代偏少,为近 50 年最少的 10 年;70—80 年代转为正距平,且 80 年代是近 50 年来最多的 10 年;90 年代至 21 世纪初又变为负距平,但减幅小于 20 世纪 60 年代。在 30 年际变化尺度上,1981—2010 年平均值与 1961—1990 年和 1971—2000 年平均值比较,分别偏少 16.5 h 和 16.8 h。

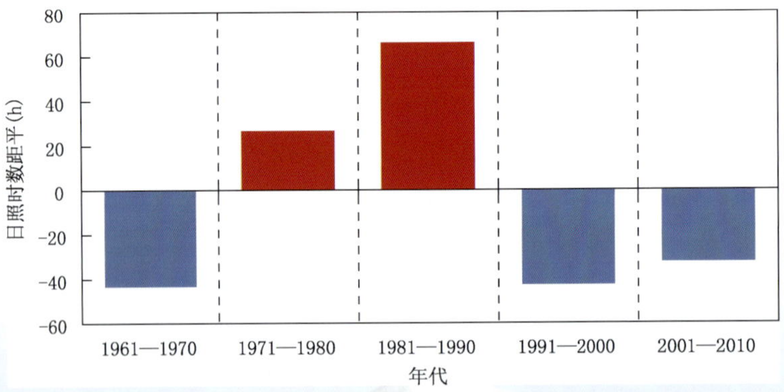

图 2.29 1961—2010 年西藏年日照时数的年代际变化

从近59年(1961—2019年)西藏年日照时数变化趋势空间分布来看(图2.30),昌都市北部、嘉黎、拉萨、隆子和狮泉河年日照时数呈增加趋势,增幅为6.03～31.11 h/10a,其中嘉黎增幅最大,为31.11 h/10a($P<0.01$);其次是昌都,为22.97 h/10a($P<0.05$);拉萨增幅最小。其他各地年日照时数表现为减少趋势,为−2.72～−73.75 h/10a,以班戈减幅最大,那曲次之,为53.22 h/10a($P<0.001$),申扎减幅最小。

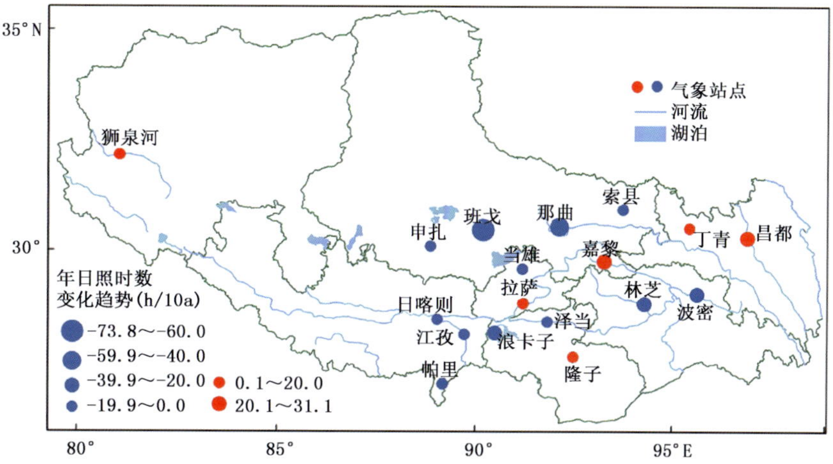

图2.30　1961—2019年西藏年日照时数变化趋势空间分布

2.1.5.2　季日照时数

从1961—2019年四季日照时数的变化趋势来看,春季(图2.31(a))有5个站点日照时数呈增加趋势,主要是昌都市北部、嘉黎、拉萨和狮泉河,增幅为1.29～10.83 h/10a,昌都增幅最大($P<0.05$);其他各站日照时数表现为减少趋势,为−0.11～−21.59 h/10a,班戈减幅最大($P<0.001$),那曲次之,为16.11 h/10a($P<0.001$),申扎减幅最小。夏季(图2.31(b)),只有昌都、嘉黎和拉萨3个站日照时数趋于增加,增幅为0.01～1.34 h/10a,以拉萨增幅最大;其他各站均表现为减少趋势,为−0.24～−31.78 h/10a,其中班戈减幅最大($P<0.001$),其次为那曲,平均每10年减少15.44 h($P<0.01$)。秋季(图2.31(c)),昌都、丁青、嘉黎、申扎、当雄、拉萨、泽当、隆子、狮泉河和帕里10个站日照时数呈增加趋势,为0.08～10.80 h/10a,以嘉黎增幅最大($P<0.001$);其他各站呈减少趋势,为−0.16～−13.07 h/10a,其中班戈减幅最大($P<0.001$),那曲次之,为10.61 h/10a($P<0.05$)。冬季(图2.31(d)),昌都市北部、那曲市东部、申扎、狮泉河、泽当、隆子和帕里等地日照时数呈增加趋势,为0.03～12.84 h/10a,昌都增幅最大($P<0.001$),嘉黎次之(10.67 h/10a,$P<0.001$),申扎增幅最小;其他各站日照时数呈减少趋势,为−0.04～−11.30 h/10a,其中那曲减幅最大($P<0.01$),林芝减幅最小。

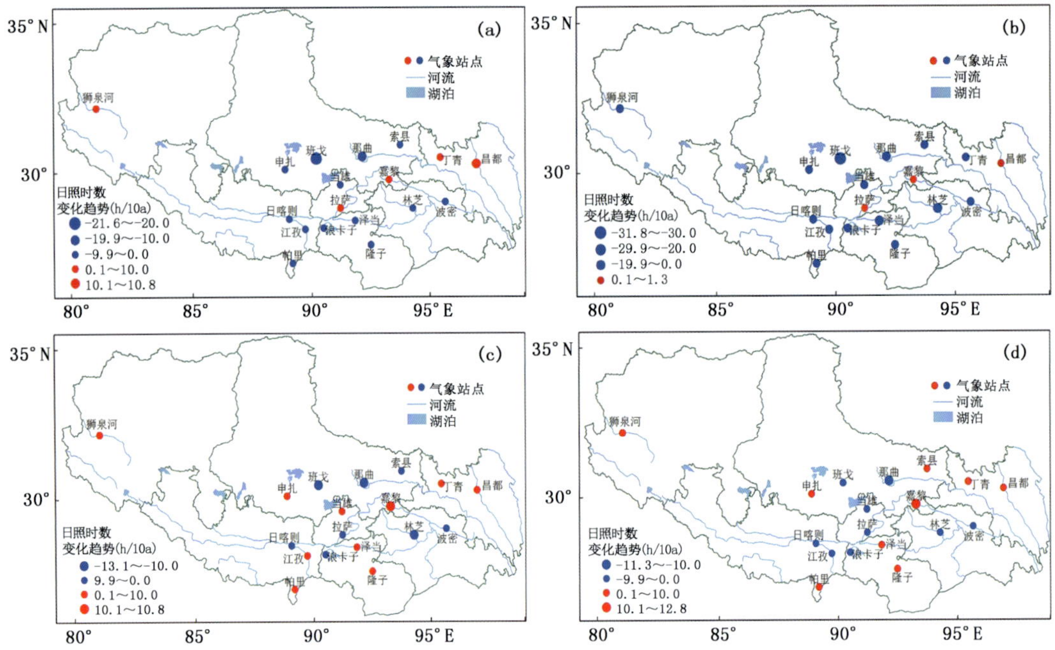

图 2.31　1961—2019 年西藏四季日照时数变化趋势空间分布
(a)春季,(b)夏季,(c)秋季,(d)冬季

2.1.6　云量

2.1.6.1　年平均总云量

1961—2019 年,西藏年平均总云量呈显著减少趋势(图 2.32,表 2.18),平均每 10 年减少 0.10 成($P<0.001$),四季均表现为减少趋势,以冬季最明显,为 -0.14 成/10a($P<0.001$)。近 39 年(1981—2019 年)来,西藏年平均总云量仍趋于减少,主要表现在冬、春两季,平均每 10 年分别减少 0.19 成($P<0.001$)、0.12 成($P<0.05$)。2019 年,西藏平均总云量为 5.6 成,较常年值(5.3 成)偏多 0.3 成。

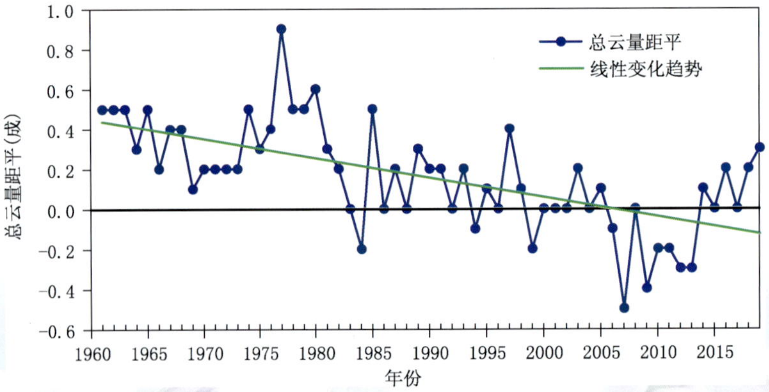

图 2.32　1961—2019 年西藏年平均总云量距平变化趋势

表 2.18 西藏平均总云量的变化趋势(成/10a)

时间段(年)	年	春季	夏季	秋季	冬季
1961—2019	−0.10***	−0.11***	−0.09**	−0.07*	−0.14***
1981—2019	−0.06*	−0.12*	0.01	0.05	−0.19***

注:*,**,***分别表示通过0.05,0.01和0.001显著性检验水平。

从近59年(1961—2019年)西藏年平均总云量变化趋势空间分布来看(图2.33),西藏各站总云量均表现为减少趋势,为−0.02~−0.22成/10a(14个站 $P<0.05$),其中江孜减幅最大($P<0.001$);其次是索县、嘉黎和班戈,均为0.16成/10a($P<0.001$);狮泉河减幅最小。

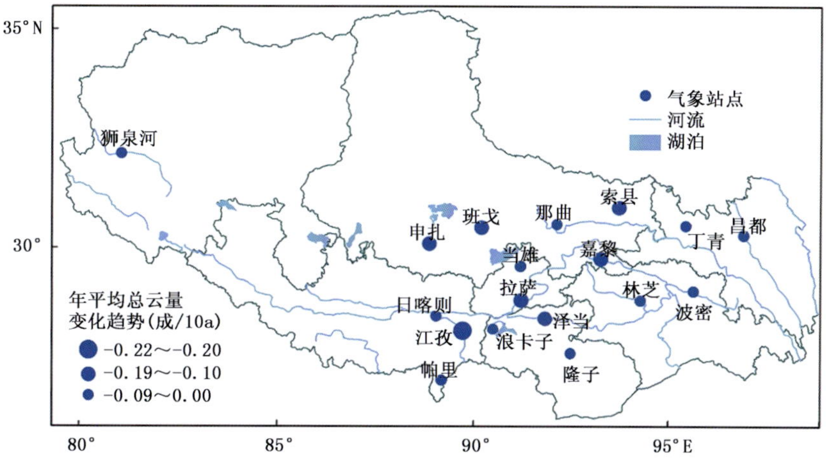

图2.33 1961—2019年西藏年平均总云量变化趋势空间分布

2.1.6.2 季平均总云量

从近59年(1961—2019年)四季平均总云量变化趋势的地域分布来看,冬、春两季西藏各站都表现为不同程度的减少趋势(图2.34(a)(d)),分别为−0.02~−0.24成/10a(15个站 $P<0.05$)、−0.01~−0.28成/10a(10个站 $P<0.05$),其中冬季索县和丁青减幅最大($P<0.001$),春季以江孜减幅最大($P<0.001$)。夏季(图2.34(b)),除狮泉河以0.05成/10a的速度呈增多趋势、丁青无变化外,其余各站均为减少趋势,平均每10年减少0.01~0.29成(9个站 $P<0.05$),仍以江孜减幅最大($P<0.001$)。而秋季(图2.34(c)),平均总云量在狮泉河和隆子2个站上表现为增加趋势,分别为0.04成/10a和0.01成/10a;其余各站均为减少趋势,平均每10年减少0.02~0.15成(8个站 $P<0.05$),也以江孜减幅最大($P<0.01$),申扎次之,为0.14成/10a($P<0.01$)。

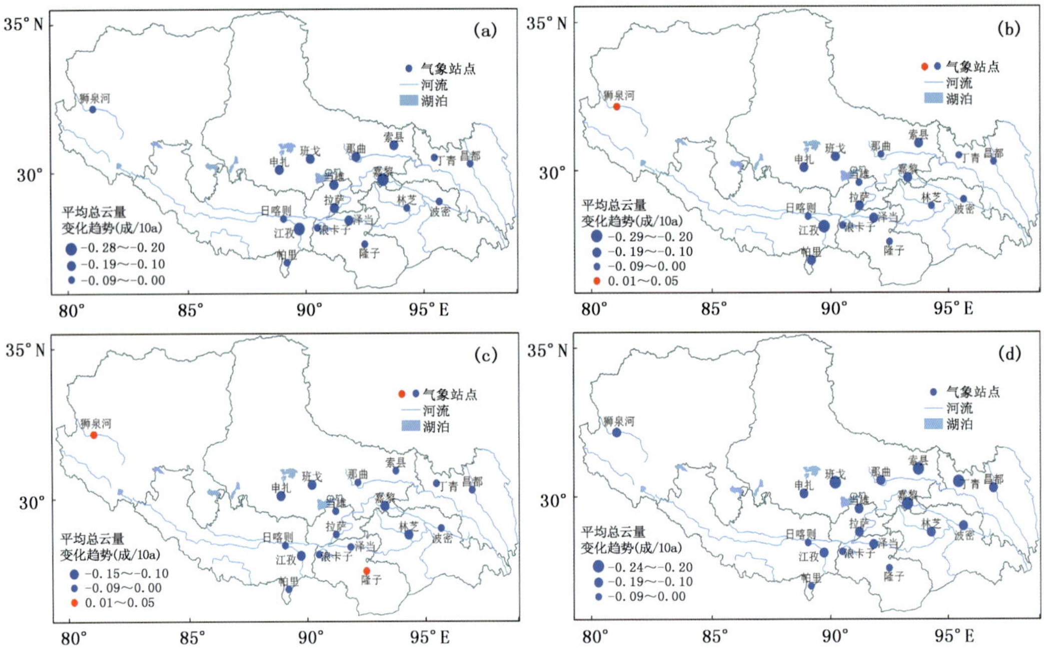

图 2.34　1961—2019 年西藏四季平均总云量变化趋势空间分布

(a)春季,(b)夏季,(c)秋季,(d)冬季

2.1.7　相对湿度

2.1.7.1　年平均相对湿度

1961—2019 年,西藏年平均相对湿度呈“减—增—减”的年际变化(图 2.35)。20 世纪 60 年代至 90 年代初,西藏相对湿度偏小;90 年代中期至 21 世纪最初的 6 年相对湿度偏大,之后相对湿度趋于减小。从线性变化趋势来看,近 59 年(1961—2019 年)西藏年平均相对湿度呈减小趋势(表 2.19),主要是由于夏、秋两季相对湿度减小引起的,减幅分别为 0.85%/10a($P<0.001$)、0.67%/10a($P<0.05$);而近 29 年(1991—2019 年),西藏一年四季平均相对湿度减小趋势更为明显,以冬季和秋季最为明显,分别为−4.80%/10a($P<0.001$)和−3.26%/10a($P<0.001$)。

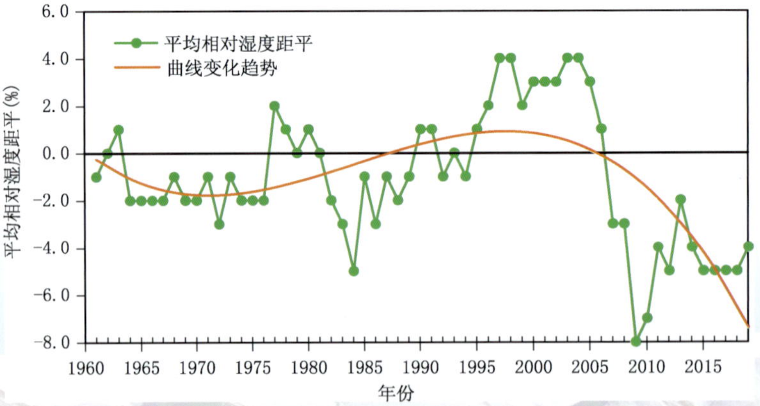

图 2.35　1961—2019 年西藏年平均相对湿度距平变化趋势

表 2.19　西藏平均相对湿度的变化趋势(%/10a)

时间段(年)	年	春季	夏季	秋季	冬季
1961—2019	−0.29	0.29	−0.85***	−0.67*	0.15
1991—2019	−3.03***	−1.32	−2.49***	−3.26***	−4.8***

注：*，*** 分别表示通过 0.05 和 0.001 显著性检验水平。

2019 年，西藏年平均相对湿度为 48%，比常年值偏低 4%，仍处在干燥期，是 1961 年以来与 2011 年和 2014 年并列第九个偏低年份。

从西藏各站年平均相对湿度变化趋势来看(图 2.36)，近 59 年(1961—2019 年)申扎、江孜、隆子和丁青 4 个站年平均相对湿度呈增加趋势，增幅为(0.06%～0.41%)/10a，其中江孜增幅最大($P<0.05$)；其他各站表现为不同程度的减小趋势，平均每 10 年减小 0.10%～1.73%，以拉萨减幅最大($P<0.001$)。

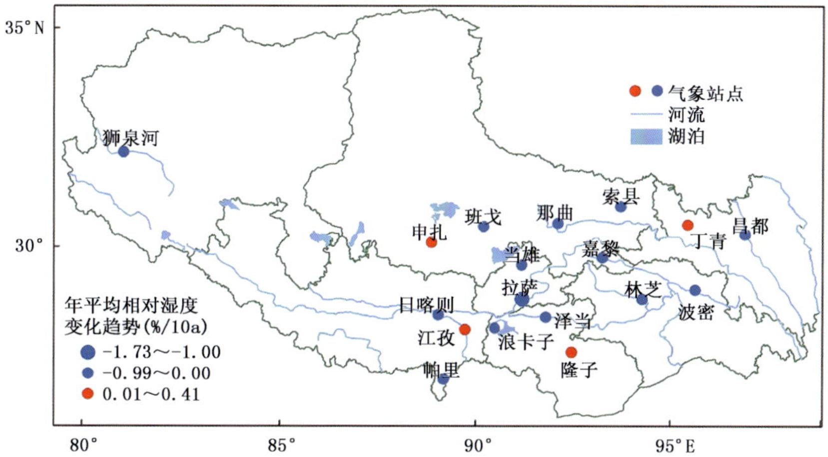

图 2.36　1961—2019 年西藏年平均相对湿度变化趋势空间分布

2.1.7.2　季平均相对湿度

从近 59 年(1961—2019 年)西藏各站四季平均相对湿度变化趋势空间分布来看，春季(图 2.37(a))，除狮泉河、日喀则、拉萨、林芝和波密以(−0.01%～−0.90%)/10a 的速度呈减小趋势外，其他站点均趋于增大，平均每 10 年增大 0.03%～1.08%，其中申扎最大($P<0.05$)。夏季(图 2.37(b))，各站平均相对湿度均呈减小趋势，为(−0.45%～−1.46%)/10a，以拉萨减幅最大($P<0.001$)，其次是日喀则，为 2.15%/10a($P<0.001$)。秋季(图 2.37(c))，平均相对湿度仅丁青站趋于增加，为 0.15%/10a；其他各站表现为减小态势，平均每 10 年减小 0.01%～2.52%，以拉萨减幅最大($P<0.001$)。冬季(图 2.37(d))，拉萨、当雄、泽当、班戈、嘉黎、昌都和波密 7 个站相对湿度呈减小趋势，为(−0.05%～−1.36%)/10a，仍以拉萨减幅最大($P<0.001$)；其他各站均趋于增大，增幅为(0.01%～2.18%)/10a(4 个站 $P<0.05$)，以江孜增幅最大($P<0.001$)；其次是申扎，为 1.46%/10a($P<0.001$)。

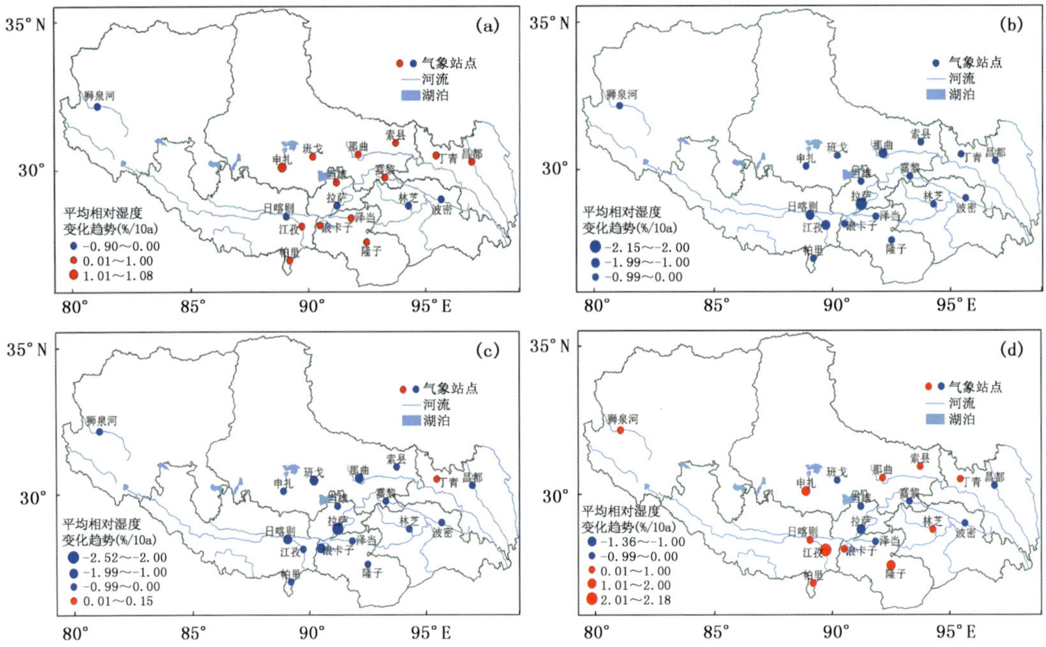

图 2.37　1961—2019 年西藏四季平均相对湿度变化趋势空间分布
(a)春季,(b)夏季,(c)秋季,(d)冬季

2.1.8　平均风速

2.1.8.1　年平均风速

1961—2019 年,西藏年平均风速呈显著减小趋势(图 2.38,表 2.20),平均每 10 年减小 0.06 m/s($P<0.01$),低于全国平均风速减幅(−0.13(m/s)/10a)。西藏平均风速变小主要表现在春季,为−0.11 (m/s)/10a($P<0.001$)。不过,近 29 年(1991—2019 年)西藏年平均风速却呈增加趋势,平均每 10 年增加 0.08 (m/s)/10a($P<0.05$);在季节上看,除春季减小外,其他三季都呈增加趋势,尤其是冬季,增幅为 0.15 (m/s)/10a($P<0.01$)。2019 年,西藏年平均风速为 2.4 m/s,比常年值(2.3 m/s)略大,与 2015—2018 年 4 年持平。

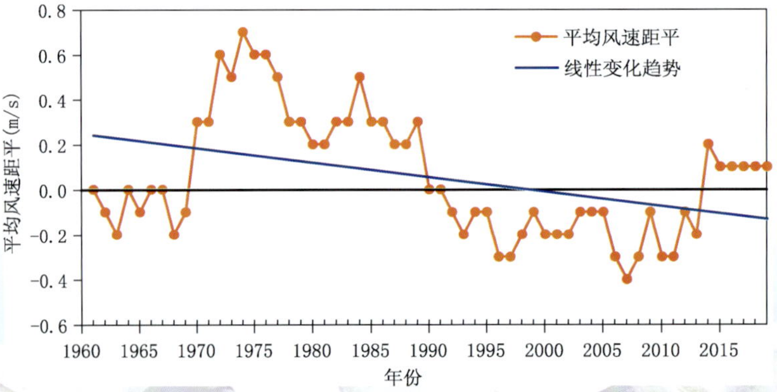

图 2.38　1961—2019 年西藏年平均风速距平变化趋势

表 2.20　西藏平均风速的变化趋势[(m/s)/10a]

时间段(年)	年	春季	夏季	秋季	冬季
1961—2019	−0.06**	−0.11***	−0.05**	−0.05**	−0.06*
1991—2019	0.08*	−0.05	0.07	0.10**	0.15**

注：*，**，*** 分别表示通过 0.05，0.01 和 0.001 显著性检验水平。

通过对西藏年平均风速变化趋势空间分布分析(图 2.39)，结果表明，近 59 年(1961—2019 年)班戈、索县和帕里 3 个站平均风速呈增加趋势，增幅不大，为 0.01～0.07 (m/s)/10a，昌都无变化；其他各站表现出减小趋势，为−0.03～−0.25 (m/s)/10a(10 个站 $P<0.05$)，其中泽当减幅最大($P<0.001$)，其次是狮泉河，为−0.16 (m/s)/10a($P<0.001$)。

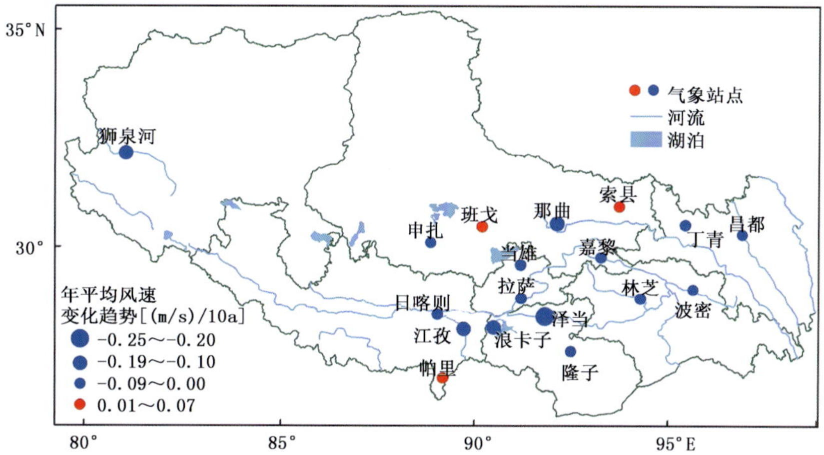

图 2.39　1961—2019 年西藏年平均风速变化趋势空间分布

2.1.8.2　季平均风速

从近 59 年(1961—2019 年)西藏各站四季平均风速变化趋势来看，春季(图 2.40(a))，只有帕里呈增加趋势，为 0.08 (m/s)/10a，索县无变化；其他各站表现为不同程度的减小趋势，为−0.01～−0.36 (m/s)/10a(11 个站 $P<0.05$)，泽当减幅最大($P<0.001$)，那曲次之，为−0.24 (m/s)/10a($P<0.001$)。夏季(图 2.40(b))，平均风速在索县、拉萨、日喀则和帕里 4 个站上趋于增加，为 0.02～0.10 (m/s)/10a，帕里增幅最大；其他各站表现为减少趋势，平均每 10 年减少 0.01～0.22 m/s(9 个站 $P<0.05$)，泽当减幅最大($P<0.001$)。秋季(图 2.40(c))，帕里、日喀则、班戈和索县 4 个站呈增加趋势，为 0.01～0.05 (m/s)/10a(帕里、索县增幅最大)；其他各站以每 10 年 0.01～0.23 m/s 的速度减小(10 个站 $P<0.05$)，仍以泽当减幅最大($P<0.001$)。冬季(图 2.40(d))，平均风速趋于增加的站点分布在帕里、班戈、索县和昌都 4 个站，增幅为 0.03～0.09 (m/s)/10a(班戈最大、昌都最小)；其他各站为减少趋势，为−0.02～−0.24 (m/s)/10a(9 个站 $P<0.05$)，浪卡子减幅最大($P<0.001$)，其次是狮泉河，为−0.22 (m/s)/10a($P<0.001$)。

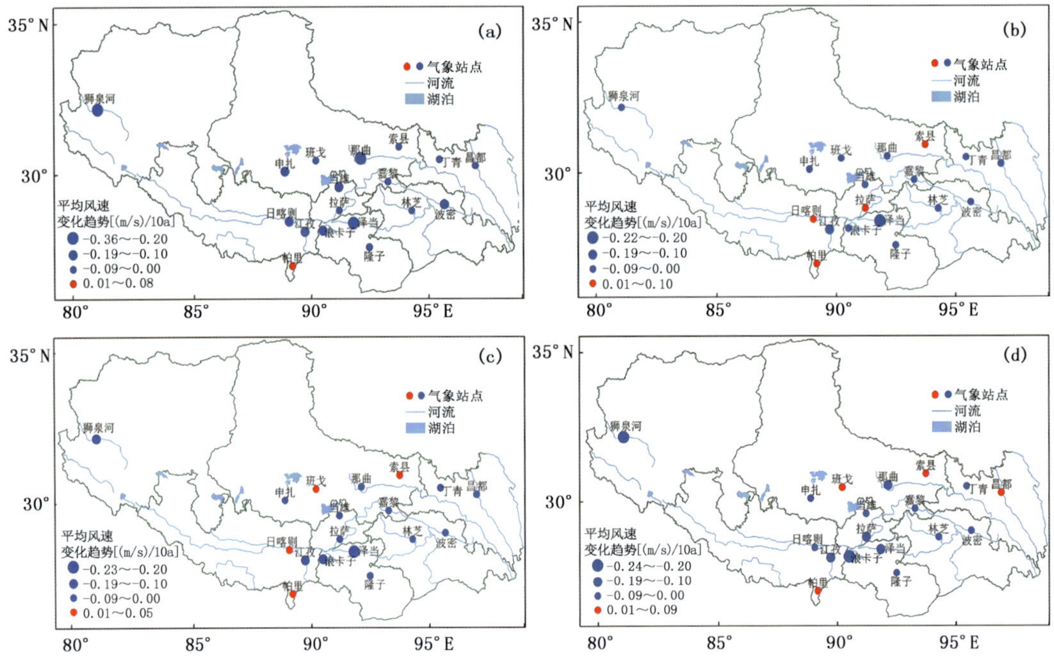

图 2.40　1961—2019 年西藏四季平均风速变化趋势空间分布
(a)春季,(b)夏季,(c)秋季,(d)冬季

2.1.9　积温

2.1.9.1　≥0 ℃初日

1961—2019 年,西藏日平均气温≥0 ℃初日呈显著提早趋势,平均每 10 年提早 2.9 d($P<0.001$,图 2.41(a)),特别是近 39 年(1981—2019 年)每 10 年提早了 5.3 d($P<0.001$);在不同海拔高度上,初日均表现为提早趋势。其中,海拔 4 500 m 以上地区提早趋势最为明显(图 2.41(b)),平均每 10 年提早 5.3 d($P<0.001$),近 39 年提早更明显,平均每 10 年提早10.7 d;海拔 3 200~4 500 m 的中等海拔地区提早趋势为 2.1 d/10a($P<0.001$,图 2.41(c));海拔 3 200 m 以下地区提早趋势也明显(图 2.41(d)),平均每 10 年提早 4.5 d($P<0.001$)。

2019 年,西藏日平均气温≥0 ℃初日为 3 月 15 日,较常年值提早 15 d,是 1961 年以来仅次于 2016 年和 2018 年的最早年份。其中,海拔 4 500 m 以上地区≥0 ℃初日为 4 月 23 日,较常年偏早 40 d,为 1961 年以来第四个早年份;海拔 3 200~4 500 m 的中等海拔地区≥0 ℃初日为 3 月 16 日,较常年偏早 8 d;海拔 3 200 m 以下地区≥0 ℃初日为 1 月 12 日,较常年偏早 14 d。

从近 59 年(1961—2019 年)西藏日平均气温≥0 ℃初日变化趋势空间分布来看(图 2.42),除嘉黎、隆子、帕里弱的推迟趋势外(0.1~0.3 d/10a),其他各站≥0 ℃初日均表现为一致的提早趋势,平均每 10 年提早了 0.8~8.8 d(12 个站点 $P<0.05$),以泽当提早得最多,其次是班戈,为−6.8 d/10a($P<0.001$)。

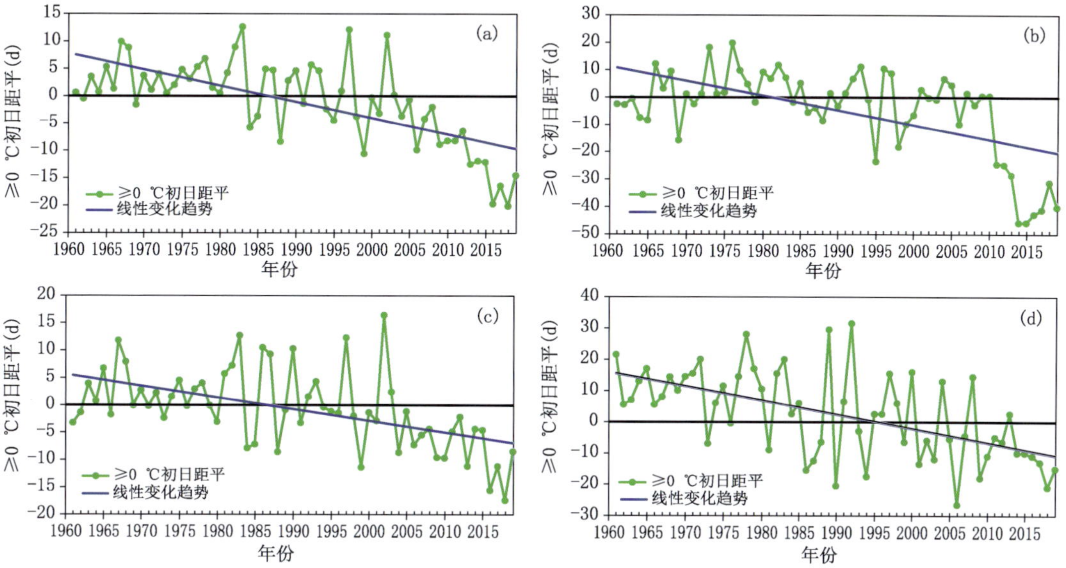

图 2.41　1961—2019 年西藏日平均气温≥0 ℃初日距平变化趋势
(a)全区,(b)海拔 4 500 m 以上地区,(c)海拔 3 200～4 500 m 地区,(d)海拔 3 200 m 以下地区

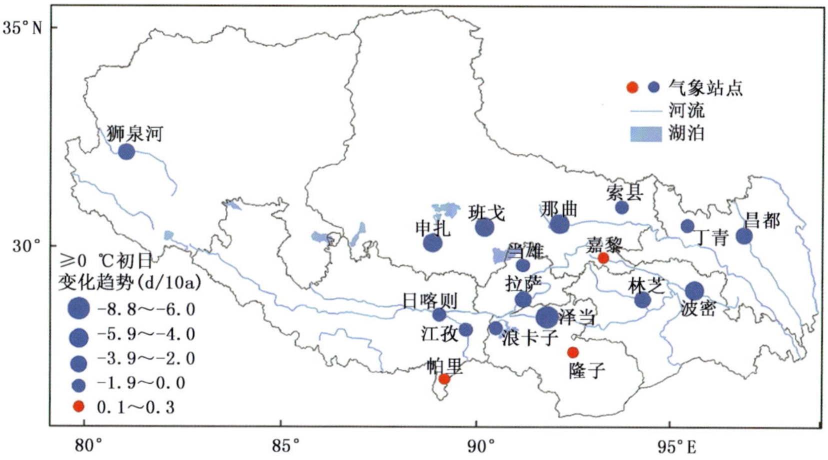

图 2.42　1961—2019 年西藏日平均气温≥0 ℃初日变化趋势空间分布

2.1.9.2　≥0 ℃终日

1961—2019 年,西藏日平均气温≥0 ℃终日表现为显著的推迟趋势,平均每 10 年推迟 2.3 d($P<0.001$,图 2.43(a))。近 39 年(1981—2019 年)推迟更明显,平均每 10 年推迟 4.1 d($P<0.001$);在不同海拔高度上,≥0 ℃终日都表现为推迟趋势。其中,海拔 4 500 m 以上地区推迟最为明显(图 2.43(b)),平均每 10 年推迟 4.4 d($P<0.001$);海拔 3 200～4 500 m 的中等海拔地区每 10 年推迟 1.8 d($P<0.001$,图 2.43(c));海拔 3 200 m 以下地区推迟幅度不及上述两个地区,平均每 10 年推迟 2.7 d($P<0.001$,图 2.47(d))。这表明,≥0 ℃终日高海拔

地区比低海拔地区推迟的幅度要大。

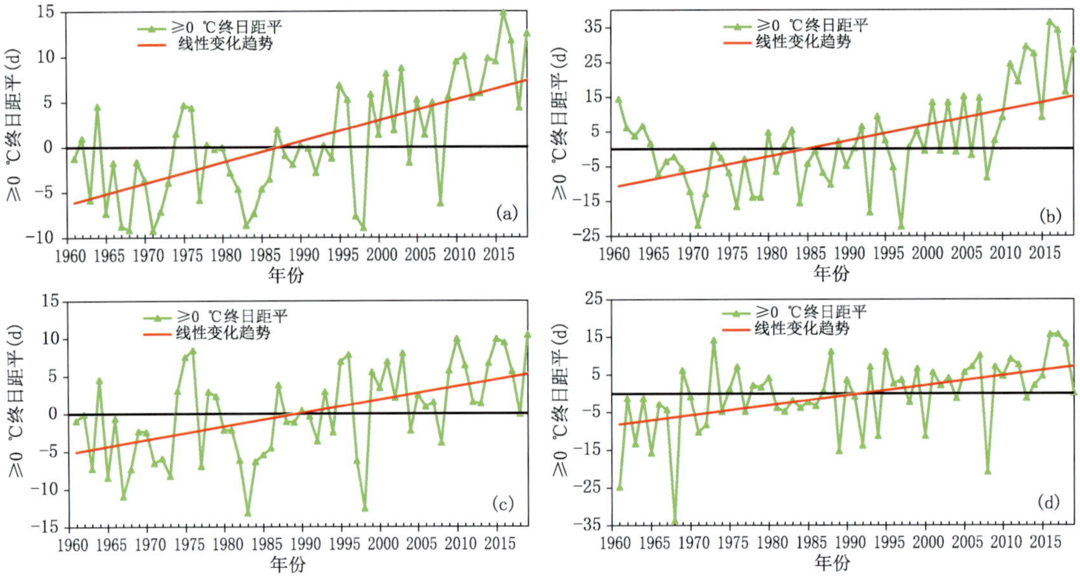

图 2.43　1961—2019 年西藏日平均气温≥0 ℃终日距平变化趋势

(a)全区，(b)海拔 4 500 m 以上地区，(c)海拔 3 200～4 500 m 地区，(d)海拔 3 200 m 以下地区

2019 年，西藏日平均气温≥0 ℃终日为 11 月 13 日，较常年值偏晚 12 d，是 1961 年以来仅次于 2016 年的第二个偏晚年份。其中，海拔 4 500 m 以上地区≥0 ℃终日为 10 月 18 日，较常年偏晚 28 d，是 1961 年以来第四个偏晚年份；海拔 3 200～4 500 m 的中等海拔地区≥0 ℃终日为 11 月 14 日，较常年值偏晚 14 d；海拔 3 200 m 以下地区≥0 ℃终日为 12 月 15 日，与常年值持平。

从近 59 年(1961—2019 年)西藏日平均气温≥0 ℃终日变化趋势空间分布来看(图 2.44)，浪卡子为略有提早趋势(－0.8 d/10a)，其他各地≥0 ℃终日都呈推迟趋势，平均每 10 年推迟 0.1～6.2 d(11 个站点 *P*<0.05)，仍以泽当推迟得最多，其次是那曲，为 5.6 d/10a(*P*<0.001)。

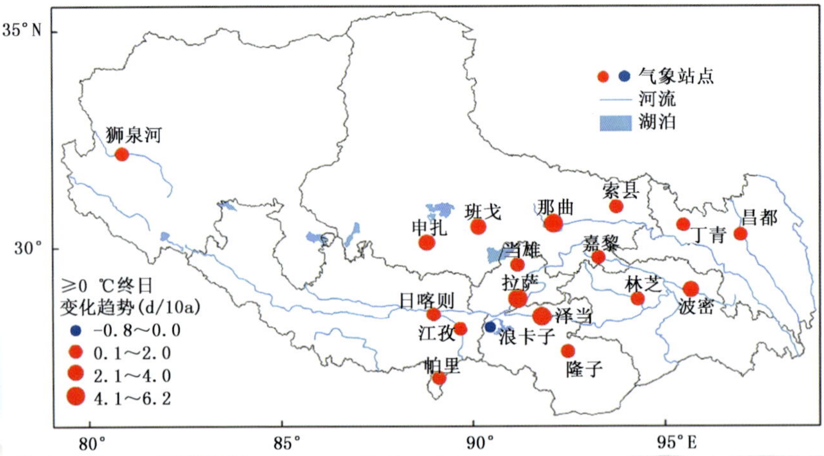

图 2.44　1961—2019 年西藏日平均气温≥0 ℃终日变化趋势空间分布

2.1.9.3　≥0 ℃持续日数

1961—2019 年，西藏日平均气温≥0 ℃持续日数呈显著延长趋势，平均每 10 年延长 5.2 d（P<0.001，图 2.45(a)），尤其是近 39 年（1981—2019 年）每 10 年延长了 9.4 d（P<0.001）；在不同海拔高度上，≥0 ℃持续日数均表现为显著的延长特征。其中，海拔 4 500 m 以上地区延长趋势最为明显（图 2.45(b)），平均每 10 年延长 9.8 d（P<0.001），特别是近 39 年延长率达 19.5 d/10a（P<0.001）；海拔 3 200～4 500 m 的中等海拔地区延长率为 3.9 d/10a（P<0.001，图 2.45(c)）；海拔 3 200 m 以下地区平均每 10 年延长 7.1 d（P<0.001，图 2.45(d)）。

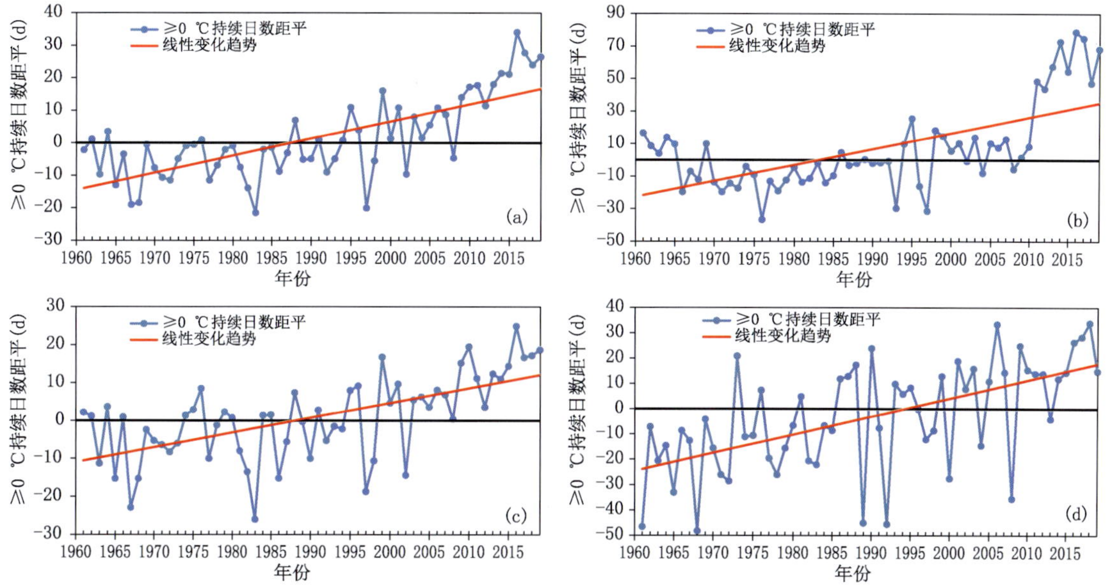

图 2.45　1961—2019 年西藏日平均气温≥0 ℃持续日数距平变化趋势

(a)全区，(b)海拔 4 500 m 以上地区，(c)海拔 3 200～4 500 m 地区，(d)海拔 3 200 m 以下地区

2019 年，西藏日平均气温≥0 ℃持续日数为 243 d，较常年值延长了 26 d，是 1961 年以来第三个长年份。其中，海拔 4 500 m 以上地区≥0 ℃持续日数为 178 d，较常年偏长 68 d，是 1961 年以来第四个偏长年份；海拔 3 200～4 500 m 的中等海拔地区≥0 ℃持续日数为 244 d，较常年偏长 18 d，是 1961 年以来第三个长年份；海拔 3 200 m 以下地区≥0 ℃持续日数为 338 d，较常年偏长 15 d。

从 1961—2019 年西藏日平均气温≥0 ℃持续日数变化趋势空间分布来看（图 2.46），嘉黎、浪卡子表现为弱的缩短趋势（−0.1 d/10a），其他各站≥0 ℃持续日数均呈现为延长趋势特征，平均每 10 年延长 0.3～15.0 d（66％的站点 P<0.05），其中泽当延长最多为 15 d（P<0.001），其次是那曲，为 10.8 d/10a（P<0.001）。林芝市延长率为 5.5～8.8 d/10a，昌都市北部延长率为 3.9～4.3 d/10a，那曲市大部延长率为−0.13～10.8 d/10a，沿雅鲁藏布江一线延长率为 1.1～15.0 d/10a。近 39 年（1981—2019 年），除隆子基本无变化外，其他各站≥0 ℃持续日数显著延长，延长率为 0.8～26.8 d/10a，仍以泽当延长得最多（P<0.001），其次是班戈，为 20.8 d/10a（P<0.001）；那曲市中西部、拉萨、泽当、江孜和波密延长率在 10.0 d/10a 以上。

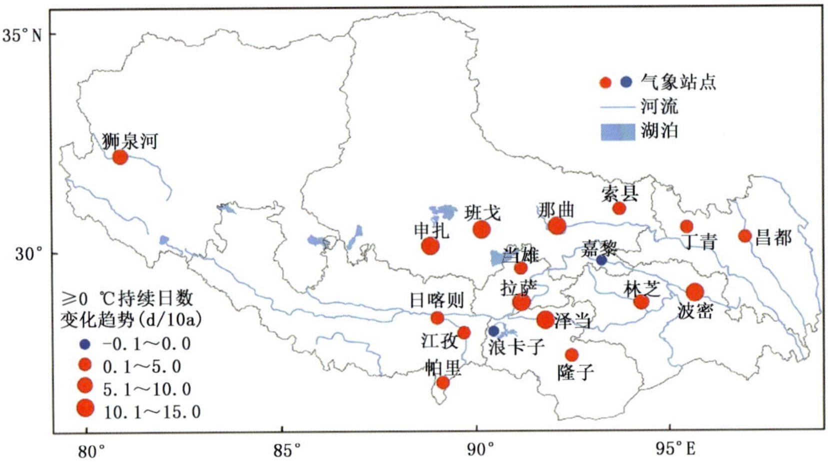

图 2.46　1961—2019 年西藏日平均气温≥0 ℃持续日数变化趋势空间分布

2.1.9.4　≥0 ℃积温

1961—2019 年,西藏日平均气温≥0 ℃活动积温呈明显增加趋势(图 2.47(a)),平均每 10 年增加 62.0 ℃·d,尤其是近 39 年(1981—2019 年)增幅达 83.2 ℃·d /10a;在不同海拔高度上,增加特征趋同存异。其中,海拔 4 500 m 以上地区平均每 10 年增加 51.9 ℃·d (图 2.47(b));海拔3 200～4 500 m 的中等海拔地区增幅为 58.9 ℃·d /10a(图 2.51(c));海拔 3 200 m 以下地区增加幅度最明显,为 95.4 ℃·d /10a(图 2.47(d))。这表明,≥0 ℃积温的增幅在低海拔地区比高海拔地区明显。

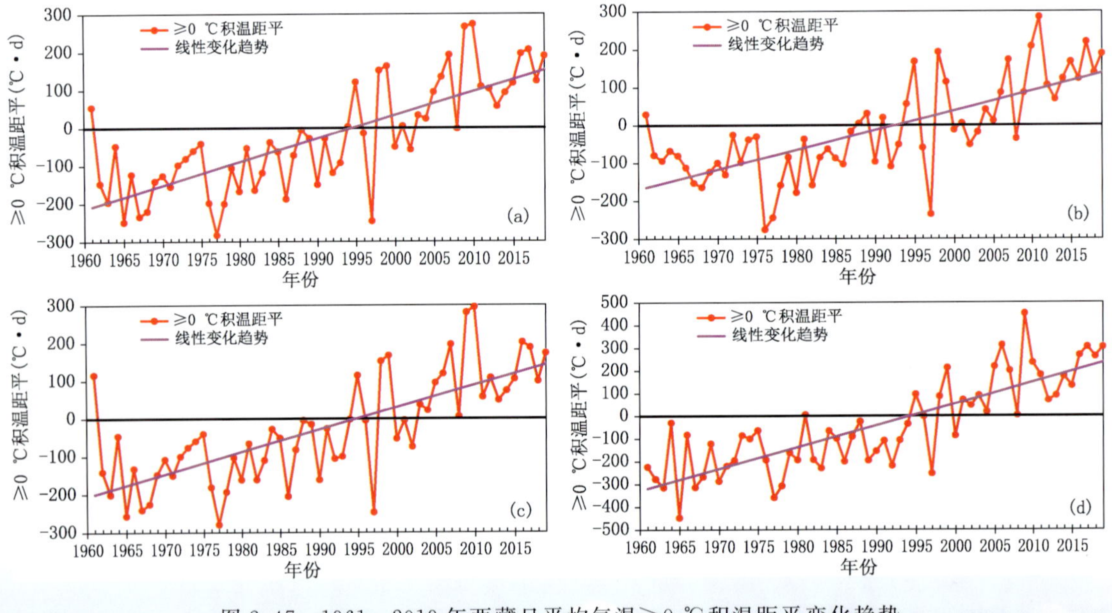

图 2.47　1961—2019 年西藏日平均气温≥0 ℃积温距平变化趋势
(a)全区,(b)海拔 4 500 m 以上地区,(c)海拔 3 200～4 500 m 地区,(d)海拔 3 200 m 以下地区

2019 年，西藏日平均气温≥0 ℃活动积温为 2269.7 ℃ · d，较常年值偏高 190.5 ℃ · d，是 1961 年以来第五个偏高年份。其中，海拔 4 500 m 以上地区≥0 ℃活动积温为 1367.5 ℃ · d，较常年值偏高 189.0 ℃ · d，是 1961 年以来第四个偏高年份；海拔 3 200～4 500 m 的中等海拔地区≥0 ℃活动积温为 2271.4 ℃ · d，较常年值偏高 173.4 ℃ · d，是 1961 年以来第五个偏高年份；海拔 3 200 m 以下地区≥0 ℃活动积温为 3611.8 ℃ · d，较常年值偏高 304.1 ℃ · d，是 1961 年以来第三个偏高年份。

从近 59 年（1961—2019 年）西藏日平均气温≥0 ℃积温变化趋势空间分布来看（图 2.48），各站均表现为增加趋势，增幅为 15.1～149.5 ℃ · d/10a（17 个站点 $P<0.01$），以拉萨增幅最大，其次是林芝，为 96.5 ℃ · d/10a。其中，增幅大于 50.0 ℃ · d/10a 的地区主要分布在沿雅鲁藏布江一线、林芝市、阿里地区西部和那曲市中东部。近 39 年（1981—2019 年）各站≥0 ℃积温增加得更明显，增幅为 35.6～184.2 ℃ · d/10a（所有站点 $P<0.05$，14 个站点 $P<0.001$），其中狮泉河、日喀则、拉萨、林芝和波密增幅在 100.0 ℃ · d/10a 以上，拉萨达到 184.2 ℃ · d/10a。

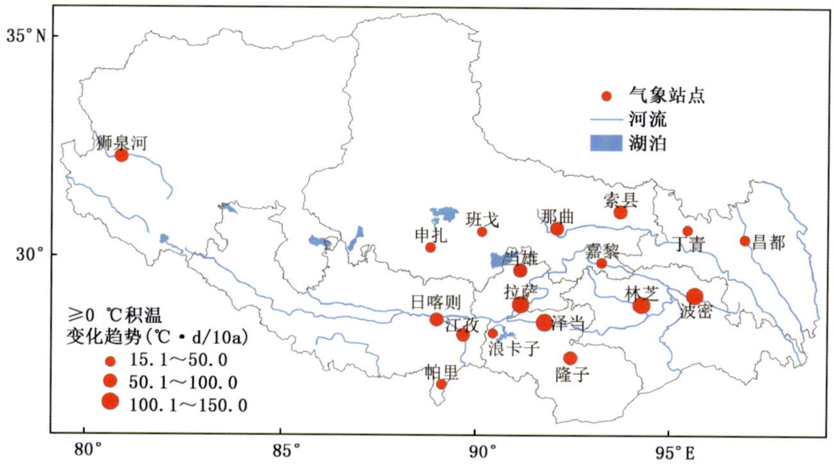

图 2.48　1961—2019 年西藏日平均气温≥0 ℃积温变化趋势空间分布

2.2　极端气候事件指数

气候变化的影响多通过极端气候事件反映出来，而极端气候与气候平均状态的变化存在差异，这决定了极端气候事件具有独特的研究价值。不断变化的气候可导致极端天气和气候事件的发生频率、强度、空间范围和持续时间发生变化，并能导致前所未有的极端天气和气候事件。气温和降水作为最基本的气象要素，其极值的变化情况直接影响到自然系统，而高温热浪、致洪暴雨等灾害性极端气温或降水事件更是直接影响到人类社会生产生活的各个方面，所以研究极端气温和极端降水具有重要的理论和实际意义。极端气候事件指数是描述极端事件的重要指标，本公报利用 WMO 定义的极端气候指数（Peterson et al.，2001），通过 RClimDex 软件计算了西藏 20 个极端气候指数，以揭示其近 59 年（1961—2019 年）的变化规律，力求为当地应对气候变化、防灾减灾提供参考，为评估未来气候变化的影响提供基础资料。

2.2.1 极端最高气温和最低气温

1961—2019 年，西藏年极端最高气温（图 2.49(a)）和极端最低气温（图 2.49(b)）均呈明显升高趋势，平均每 10 年分别升高 0.22 ℃（$P<0.001$）和 0.59 ℃（$P<0.001$）。

2019 年，西藏极端最高气温出现在加查，为 32.6 ℃（出现在 6 月 24 日）；极端最低气温出现在狮泉河，为－23.2 ℃（出现在 1 月 29 日）。6 月 24 日拉萨、贡嘎、尼木等 6 个站日最高气温超历史同期极大值；6 月 25 日泽当、南木林最高气温分别为 31.5 ℃、27.8 ℃，8 月 27 日林芝、波密最高气温分别为 29.8 ℃、31.1 ℃，4 个站日最高气温均超历史同期极大值；其中拉萨（30.8 ℃）、尼木（30.1 ℃）、加查（32.6 ℃）、泽当（31.5 ℃）、南木林（27.8 ℃）打破了该站建站以来的年极端最高气温，创新高。1 月份受强降雪雪后降温的影响，隆子（－23.2 ℃）、聂拉木（－21.7 ℃）、尼木（－20.0 ℃）、南木林（－14.8 ℃）日最低气温刷新历史同期极小值，其中聂拉木（－21.7 ℃）、尼木（－20.0 ℃）打破了该站建站以来的年极端最低气温，创新低。

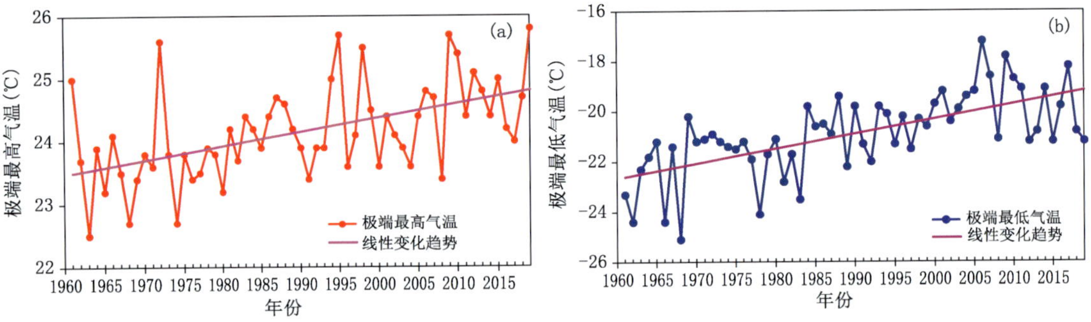

图 2.49　1961—2019 年西藏极端最高气温(a)和极端最低气温(b)变化趋势

根据 1961—2019 年极端最高气温和最低气温变化趋势空间分布分析发现，极端最高气温（图 2.50(a)）在所有站点上均表现为升高趋势，升幅为 0.04～0.43 ℃/10a（11 个站 $P<0.05$），升幅以那曲最大（$P<0.001$）、浪卡子最小。极端最低气温在隆子站趋于下降（－0.26 ℃/10a），其他各站都呈上升趋势（图 2.54(b)），平均每 10 年升高 0.03～1.63 ℃（14 个站 $P<0.05$），其中那曲升幅最大（$P<0.001$），其次是班戈（1.51 ℃/10a，$P<0.001$），林芝升温幅度最小。

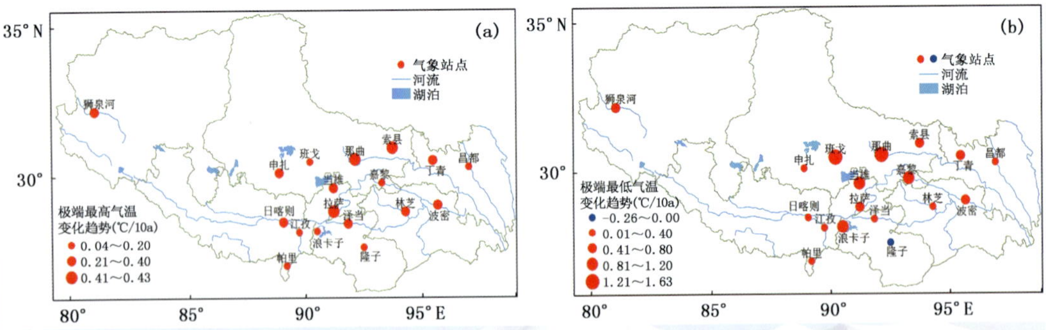

图 2.50　1961—2019 年西藏极端最高气温(a)和极端最低气温(b)变化趋势空间分布

2.2.2 最高气温极小值和最低气温极大值

1961—2019 年，西藏年最高气温极小值(图 2.51(a))和最低气温极大值(图 2.51(b))都表现为明显升高趋势，平均每 10 年分别升高 0.25 ℃(P<0.05)和 0.32 ℃(P<0.001)。近 39 年(1981—2019 年)，西藏年最高气温极小值和最低气温极大值升温幅度更明显，升温率分别为 0.44 ℃/10a(P<0.05)和 0.41 ℃/10a(P<0.001)。

2019 年，西藏最高气温极小值为−4.2 ℃，较常年值偏高 0.2 ℃，为 1961 年以来并列第三十六个偏低年份；最低气温极大值为 11.9 ℃，较常年值偏高 1.0 ℃，为 1961 年以来第四个高值年份。

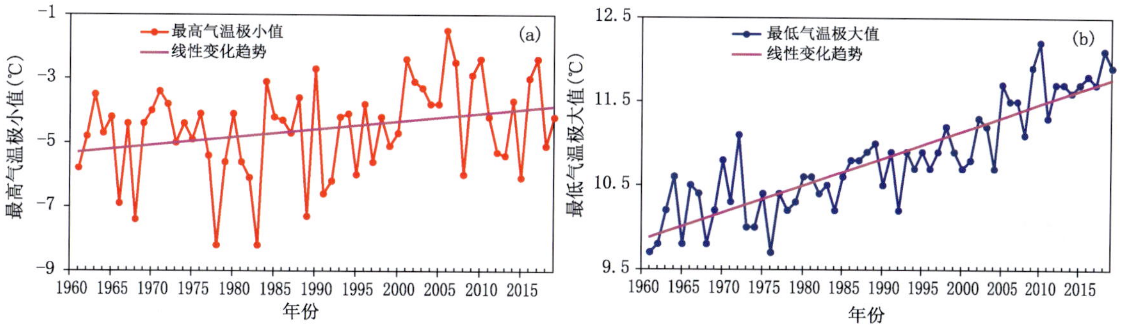

图 2.51 1961—2019 年西藏最高气温极小值(a)和最低气温极大值(b)变化趋势

从线性变化趋势空间分布来看，近 59 年(1961—2019 年)年最高气温极小值(图 2.52(a))在江孜、嘉黎 2 个站上表现为降低趋势，分别为−0.04 ℃/10a、−0.05 ℃/10a；其余各站都趋于上升，升幅为 0.04～0.78 ℃/10a(15 个站 P<0.05)，以那曲升幅最大(P<0.01)。年最低气温极大值在所有站上均表现为升高趋势(图 2.52(b))，升幅为 0.10～0.73 ℃/10a(除嘉黎外，各站 P<0.05)，以拉萨升幅最大(P<0.001)，那曲次之(0.41 ℃/10a，P<0.001)，嘉黎最小。

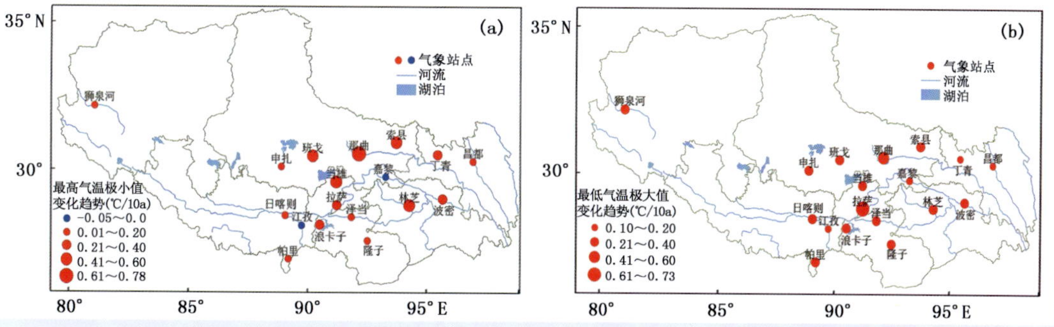

图 2.52 1961—2019 年西藏最高气温极小值(a)和最低气温极大值(b)变化趋势空间分布

2.2.3 暖昼日数和冷昼日数

1961—2019 年，西藏年暖昼日数呈显著增加趋势（图 2.53(a)），增幅为 3.54 d/10a($P<0.001$)，近 39 年(1981—2019 年)增幅为 4.3 d/10a($P<0.01$)；而年冷昼日数呈明显减少趋势（图 2.53(b)），平均每 10 年减少 4.01 d($P<0.001$)，近 39 年尤为明显，为−6.55 d/10a($P<0.001$)。

2019 年，西藏年暖昼日数为 51.2 d，较常年值偏多 15.3 d，为 1961 年以来第六个偏多年份；年冷昼日数为 39.6 d，较常年值偏多 3.5 d，为 1961 年以来第二十四个偏多年份。

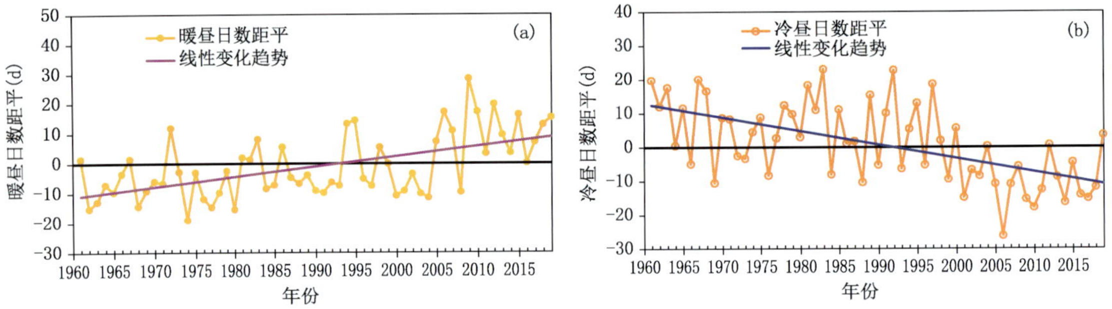

图 2.53　1961—2019 年西藏年暖昼日数(a)和冷昼日数(b)距平变化趋势

从 1961—2019 年西藏年暖昼日数和冷昼日数变化趋势空间分布来看，所有站的年暖昼日数均呈增加趋势（图 2.54(a)），增幅为 0.3～6.5 d/10a(除嘉黎外，各站 $P<0.01$)，以拉萨增幅最大($P<0.001$)，那曲次之(5.5 d/10a，$P<0.001$)，嘉黎增幅最小。而年冷昼日数在各站上都表现为减少趋势（图 2.54(b)），为−6.1～−2.3 d/10a(除嘉黎外，各站 $P<0.05$)，以拉萨减幅最大($P<0.001$)，泽当次之(−5.7 d/10a，$P<0.001$)，浪卡子减幅最小。近 39 年(1981—2019 年)年暖昼日数增加趋势较为明显，为 4.3 d/10a($P<0.05$)，增幅以当雄最大、隆子最小；年冷昼日数减少趋势也更突出，为−6.55 d/10a($P<0.05$)，减幅以当雄最大、浪卡子最小。

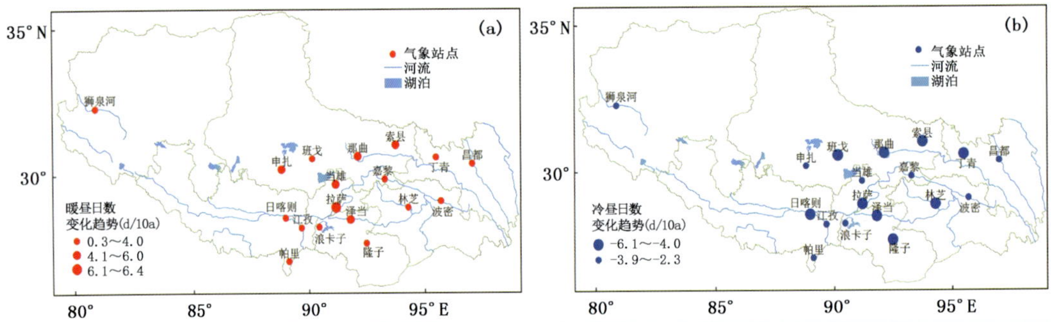

图 2.54　1961—2019 年西藏年暖昼日数(a)和冷昼日数(b)变化趋势空间分布

2.2.4　暖夜日数和冷夜日数

1961—2019 年，西藏年暖夜日数表现出显著的增加趋势(图 2.55(a))，增幅为 6.87 d/10a (P<0.001)，近 39 年(1981—2019 年)增幅更为明显，达 9.95 d/10a(P<0.001)；而年冷夜日数呈明显减少趋势(图 2.55(b))，平均每 10 年减少 5.28 d(P<0.001)，近 39 年(1981—2019 年)减幅为－5.56 d/10a(P<0.001)。

2019 年，西藏平均年暖夜日数为 59.5 d，较常年值偏多 24.2 d，为 1961 年以来第三个偏多年份；平均年冷夜日数为 33.1 d，较常年值偏少 2.9 d，是 1961 年以来第十七个偏少年份。

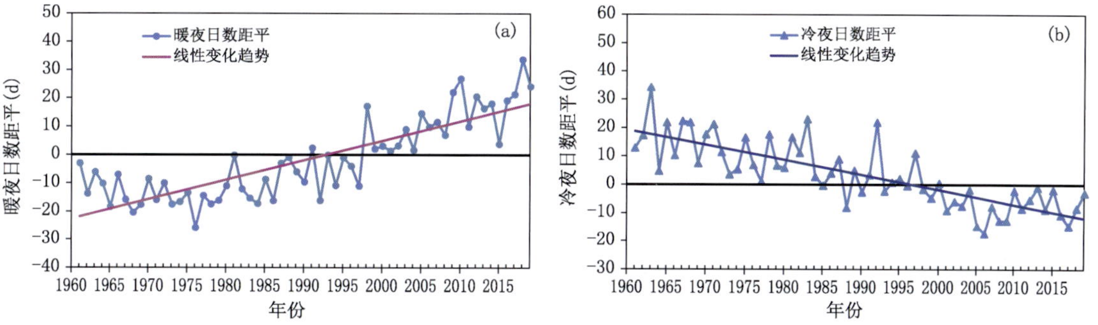

图 2.55　1961—2019 年西藏年暖夜日数(a)和冷夜日数(b)距平变化趋势

根据近 59 年(1961—2019 年)西藏年暖夜日数和冷夜日数变化趋势空间分布分析，结果显示，各站年暖夜日数呈显著增加趋势(图 2.56(a))，增幅为 3.4～11.33 d/10a(各站 P<0.001)，以拉萨增幅最大(P<0.001)，林芝次之(9.7 d/10a，P<0.001)，嘉黎增幅最小；近 39 年(1981—2019 年)大部分站点增幅更明显，为 9.95 d/10a(P<0.001)，以波密增幅最大。近 59 年(1961—2019 年)，年冷夜日数在所有站上都表现为一致的减少趋势(图 2.56(b))，平均每 10 年减少 0.6～11.5 d(P<0.001)，以拉萨减幅最大(P<0.001)，其次是那曲(－10.6 d/10a，P<0.001)，隆子减幅最小。

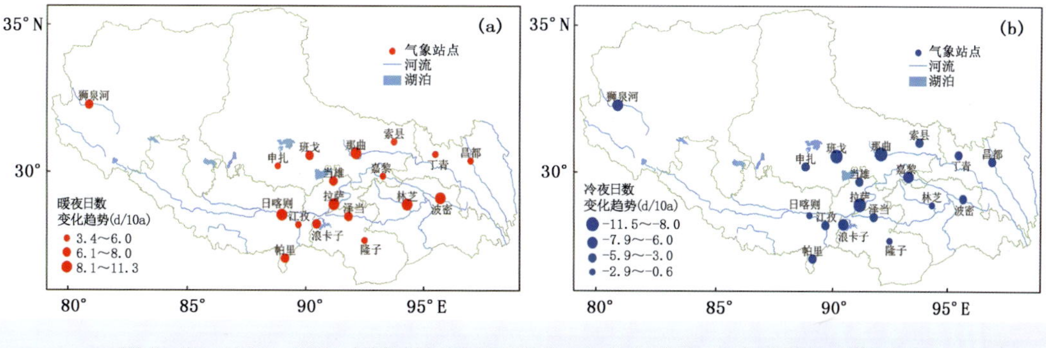

图 2.56　1961—2019 年西藏年暖夜日数(a)和冷夜日数(b)变化趋势空间分布

2.2.5 霜冻日数和结冰日数

1961—2019 年，西藏平均年霜冻日数（图 2.57(a)）和结冰日数（图 2.57(b)）均表现为显著减少趋势，平均每 10 年分别减少 4.9 d（$P<0.001$）和 2.9 d（$P<0.001$）；近 39 年（1981—2019 年）霜冻日数和结冰日数的减少幅度更大，分别达到 −6.5 d/10a（$P<0.001$）和 −4.7 d/10a（$P<0.001$）。

2019 年，西藏平均年霜冻日为 187.2 d，较常年值偏少 13.7 d，是 1961 年以来并列第六个偏少年份；平均年结冰日数为 33.2 d，较常年值偏多 1.6 d，是 1961 年以来第三十五个偏多年份。

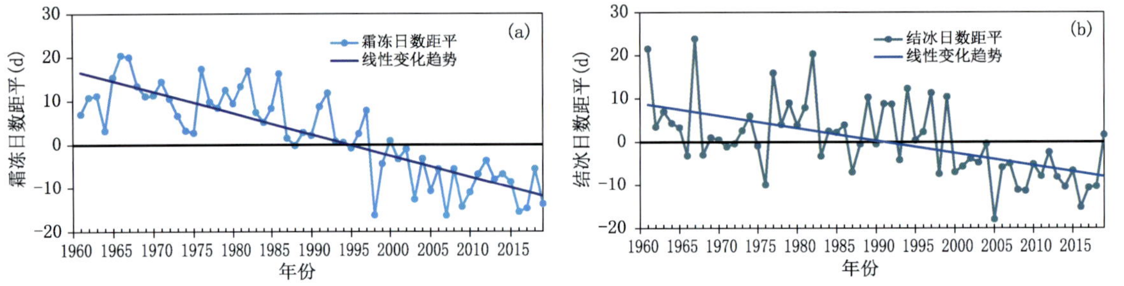

图 2.57 1961—2019 年西藏年霜冻日数(a)和结冰日数(b)距平变化趋势

从 1961—2019 年西藏年霜冻日数和结冰日数变化趋势空间分布来看，年霜冻日数在各站上都表现为减少趋势（图 2.58(a)），平均每 10 年减少 0.18～0.94 d（$P<0.01$），以拉萨减幅最大（$P<0.001$），那曲次之（−0.89 d/10a，$P<0.001$），隆子减幅最小。年结冰日数（图 2.58(b)）在林芝、波密和泽当 3 个站上基本无变化；其他各站均表现为减少趋势，为 −0.01～−0.66 d/10a（$P<0.05$），以班戈减幅最大（$P<0.001$），那曲次之（−0.61 d/10a，$P<0.001$），昌都减幅最小。近 39 年（1981—2019 年），绝大部分站点年霜冻日数减少趋势明显，为 −4.69 d（15 个站 $P<0.05$），其中那曲减幅最大（$P<0.001$），其次是浪卡子（−11.0 d/10a，$P<0.001$）。年结冰日数在海拔 4000 m 以下地区基本无变化，其他各站减少趋势更明显。

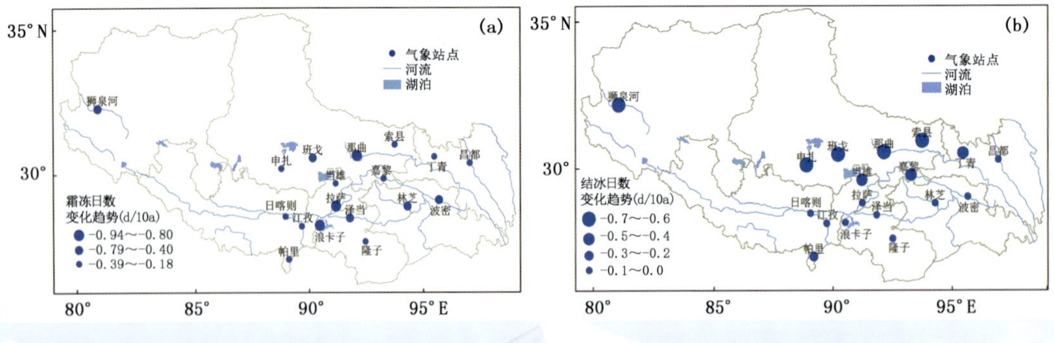

图 2.58 1961—2019 年西藏霜冻日数(a)和结冰日数(b)变化趋势空间分布

2.2.6　生长季长度

1961—2019 年，西藏平均年生长季长度呈明显延长趋势（图 2.59），平均每 10 年延长 4.3 d（$P<0.001$），尤其是近 39 年（1981—2019 年）生长季长度延长趋势明显，为 4.8 d/10a（$P<0.001$）。

2019 年，西藏平均年生长季长度为 187.3 d，较常年值略偏少 2.9 d，是 1961 年以来第二十九个偏长年份。与 2018 年比较，偏短了 3.6 d。

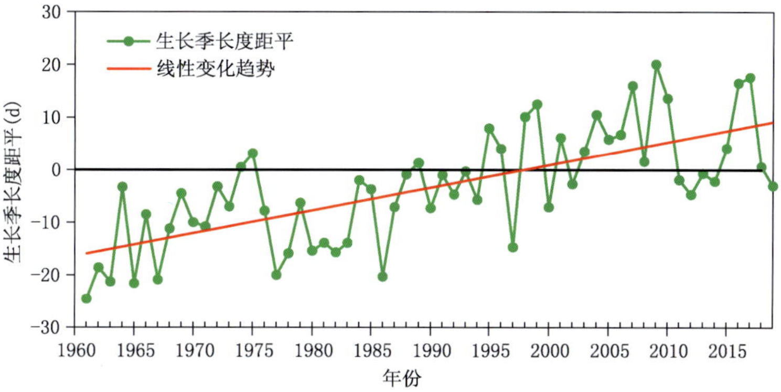

图 2.59　1961—2019 年西藏年生长季长度距平变化趋势

从近 59 年（1961—2019 年）西藏年生长季长度变化趋势空间分布（图 2.60）来看，除嘉黎基本无变化外，其他各地均呈延长趋势，平均每 10 年延长 1.0～12.2 d（14 个站 $P<0.05$），以拉萨延长幅度最大（$P<0.001$），其次是泽当（9.4 d/10a，$P<0.001$），帕里最小。近 29 年（1991—2019 年），日喀则、隆子、浪卡子和索县 4 个站年生长季长度表现为弱的缩短趋势，平均每 10 年缩短 0.7～2.1 d（浪卡子缩短最多）；其他大部分站点年生长季长度仍趋于延长，平均每 10 年延长 1.0～9.8 d，以狮泉河最大（$P<0.001$），拉萨次之，为 8.7 d/10a（$P<0.10$），申扎最小。

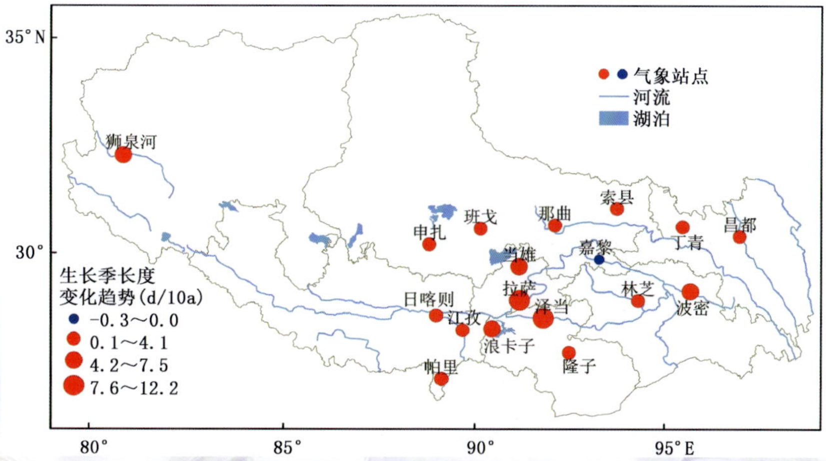

图 2.60　1961—2019 年西藏年生长季长度变化趋势空间分布

2.2.7 1 日最大降水量和连续 5 日最大降水量

1961—2019 年，西藏 1 日最大降水量(图 2.61(a))和连续 5 日最大降水量(图 2.61(b))都表现为较弱的增加趋势，增幅分别为 0.28 mm/10a 和 0.57 mm/10a。近 29 年(1991—2019 年)两者增幅明显，平均每 10 年分别增加 1.26 mm($P<0.10$)和 2.70 mm。

2019 年，西藏平均 1 日最大降水量为 30.3 mm，比常年值偏多 2.6mm。西藏平均连续 5 日最大降水量为 71.8 mm，比常年值偏多 12.5 mm。其中，日喀则 2 月 10 日降水量为 5.8 mm、班戈 3 月 27 日 6.0 mm、南木林 7 月 9 日 50.4 mm、普兰 8 月 26 日 30.4 mm、索县 11 月 4 日 12.5 mm，均创历史同期 1 日最大降水量；嘉黎 7 月 14 日 56.7 mm、改则 8 月 25 日 48.7 mm、泽当 7 月 11 日 43.1 mm，均创有气象记录以来 1 日最大降水量。

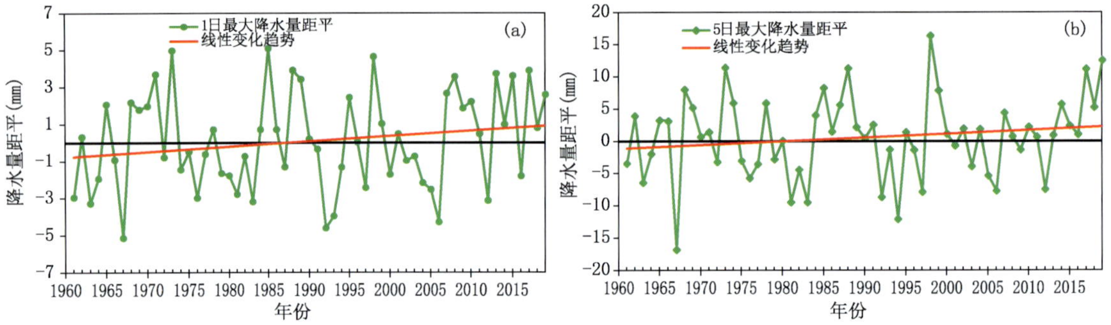

图 2.61　1961—2019 年西藏 1 日最大降水量(a)和连续 5 日最大降水量(b)距平变化趋势

从 1961—2019 年西藏 1 日最大降水量和连续 5 日最大降水量变化趋势空间分布来看，72%站点的 1 日最大降水量为增加趋势(图 2.62(a))，增幅为 0.01～1.08 mm/10a，申扎、拉萨、米林增幅一样大；其余各站均趋于减少，平均每 10 年减少 0.03～1.15 mm，以当雄减幅最大($P<0.1$)。61%站点的连续 5 日最大降水量呈增加趋势(图 2.62(b))，增幅为 0.12～2.9 mm/10a(申扎和隆子 $P<0.05$)，以拉萨增幅最大；其余各站均为减小趋势，为−0.02～−1.93 mm/10a，其中丁青减幅最大。

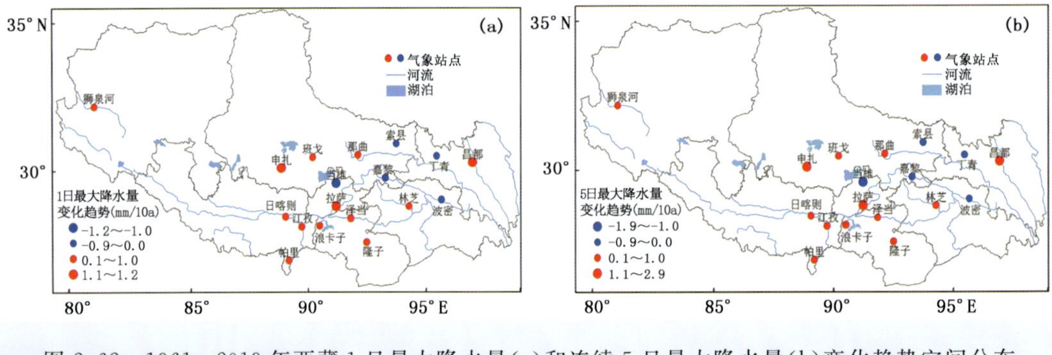

图 2.62　1961—2019 年西藏 1 日最大降水量(a)和连续 5 日最大降水量(b)变化趋势空间分布

2.2.8　降水强度

1961—2019 年，西藏平均年降水强度呈弱的增加趋势（图 2.63），平均每 10 年增大 0.04 mm/d；近 29 年（1991—2019 年）降水强度增大趋势明显，为 0.11(mm/d)/10a。

2019 年，西藏降水强度为 6.16 mm/d，比常年值略偏大 0.33 mm/d，是 1961 年以来并列第七个强降水量年。其中，日喀则降水强度最大，为 9.0 mm/d；其次是拉萨，为 8.8 mm/d。

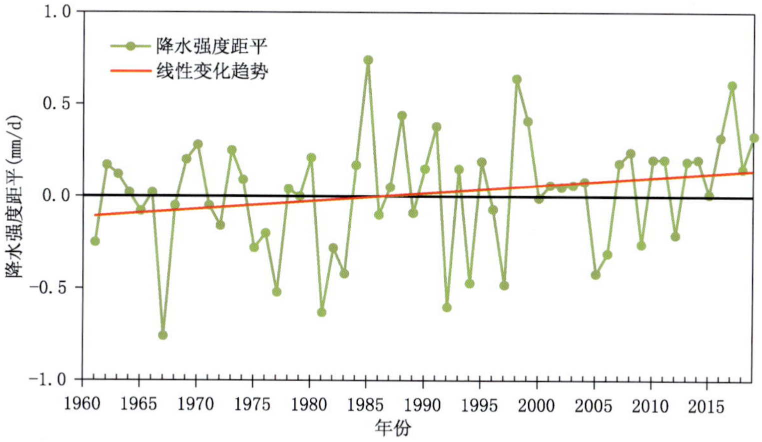

图 2.63　1961—2019 年西藏年降水强度距平变化趋势

从 1961—2019 年西藏年降水强度变化趋势空间分布来看（图 2.64），67%站点的降水强度趋于增大，平均每 10 年增大 0.01～0.23 mm/d，其中拉萨增幅最显著（$P<0.01$）；昌都无变化；其余各地降水强度均表现为减小趋势，减幅为－0.01～－0.12 (mm/d)/10a，以当雄减幅最大（$P<0.05$）。

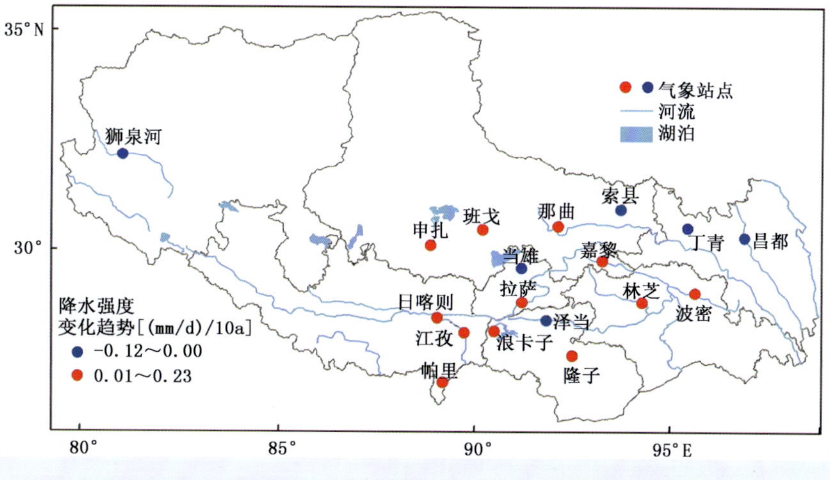

图 2.64　1961—2019 年西藏年降水强度变化趋势空间分布

2.2.9 中雨日数和大雨日数

1961—2019 年，西藏平均年中雨日数呈增加趋势（图 2.65(a)），增幅为 0.35 d/10a（$P<0.05$）；年大雨日数表现为弱的增加趋势（图 2.65(b)），为 0.07 d/10a。

2019 年，西藏平均年中雨日数为 13.78 d，较常年值偏多 0.7 d，为 1961 年以来第二十四个偏多年份；平均年大雨日数为 3.28 d，较常年值略偏多 0.7d，是 1961 年以来第九个偏多年份。

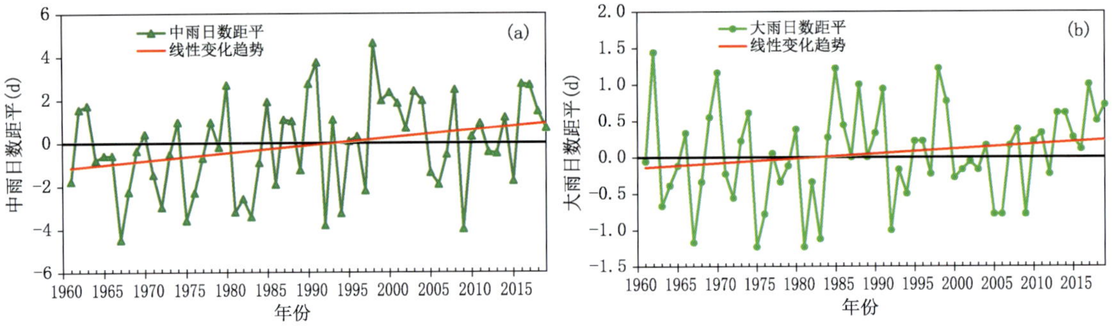

图 2.65　1961—2019 年西藏年中雨日数(a)和年大雨日数(b)距平变化趋势

从变化趋势空间分布上来看，近 59 年（1961—2019 年）89%站点的年中雨日数趋于增多（图 2.66(a)），增幅为 0.01～1.49 d/10a，以波密最大（$P<0.001$）；当雄、江孜和 2 个站年中雨日数表现为减少趋势，平均每 10 年减少为 0.20～0.38 d，其中当雄减幅最大。年大雨日数（图 2.66(b)）在 72%的站点上表现为增多趋势，增幅为 0.01～0.35 d/10a，仍以波密最大（$P<0.05$）；其余各地年大雨日数呈减少趋势，为－0.01～－0.14 d/10a，其中丁青减幅最大。

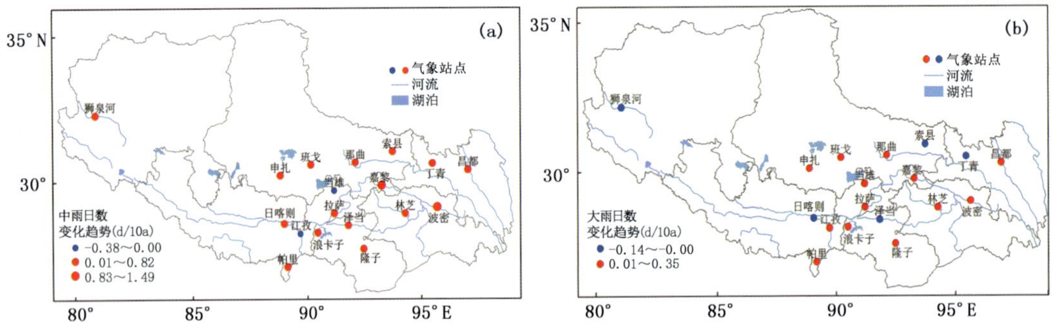

图 2.66　1961—2019 年西藏年中雨日数(a)和年大雨日数(b)变化趋势空间分布

2.2.10 连续干旱日数和连续湿润日数

1961—2019 年，西藏平均年连续干旱日数呈显著减少趋势（图 2.67(a)），平均每 10 年减少 2.83 d（$P<0.05$）；平均年连续湿润日数呈弱的增加趋势（图 2.67(b)），增幅为 0.06 d/10a。但近 29 年（1991—2019 年）西藏年连续干旱日数表现为增加趋势，增幅为 4.22 d/10a；年连续

湿润日数趋于减少，为－0.2 d/10a。

2019 年，西藏平均年连续干旱日数为 86.2 d，较常年值(104.0 d)偏少 17.8 d，为 1962 年以来第四个偏少年份；平均年连续湿润日数为 8.9 d，较常年值(8.6 d)偏多 0.3 d，是 1961 年以来并列第十八个偏多年份。

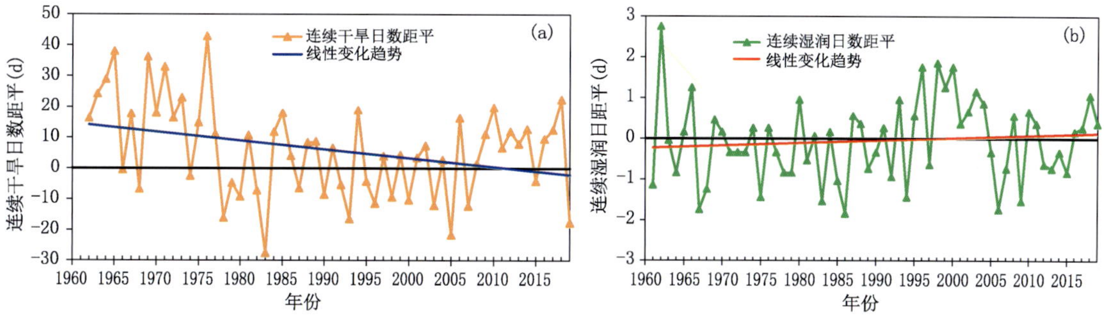

图 2.67 1961—2019 年西藏年连续干旱日数(a)和年连续湿润日数(b)距平变化趋势

从变化趋势空间分布来看，近 59 年(1961—2019 年)83％的站点年连续干旱日数呈减少趋势(图 2.68(a))，平均每 10 年减少 0.67～8.72 d，以申扎减幅最大($P<0.01$)，其次是当雄，为－5.67 d/10a($P<0.05$)；其余各地均表现为增加趋势，增幅为 0.28～2.21 d/10a，以狮泉河增幅最大。年连续湿润日数(图 2.68(b))在 61％的站点上表现为增加趋势，增幅为 0.05～0.53 d/10a，其中嘉黎增幅最大($P<0.05$)，隆子站没有变化；其他各站均呈现出减少的变化特征，为－0.01～－0.39 d/10a，以帕里减幅最大。而近 29 年(1991—2019 年)有 67％的站点年连续干旱日数趋于增加，增幅为 1.22～15.97 d/10a，以那曲增幅最大，索县次之，为 15.17 d/10a($P<0.01$)；有 44％的站点年连续湿润日数呈减少趋势，为－0.14～－1.8 d/10a，以波密减幅最大，林芝次之，为－1.79 d/10a($P<0.01$)。

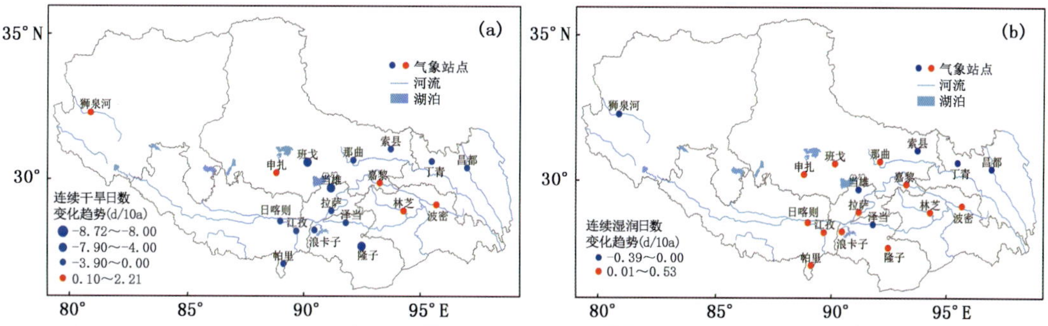

图 2.68 1961—2019 年西藏年连续干旱日数(a)和年连续湿润日数(b)变化趋势空间分布

2.2.11 强降水量和极强降水量

1961—2019 年，西藏平均年强降水量(图 2.69(a))和年极强降水量(图 2.69(b))都表现为增加趋势，增幅分别为 2.72 mm/10a 和 1.1 mm/10a。近 29 年(1991—2019 年)西藏平均年强降水量和极强降水量增加趋势更为明显，平均每 10 年分别增加 7.98 mm($P<0.01$)和 4.38 mm($P<0.05$)。

2019 年，西藏平均年强降水量为 110.12 mm，较常年值偏多 23.02 mm，为 1961 年以来第九个偏多年份；平均年极强降水量为 32.5 mm，较常年值偏多 7.4mm，是 1961 年以来第十四个偏多年份。

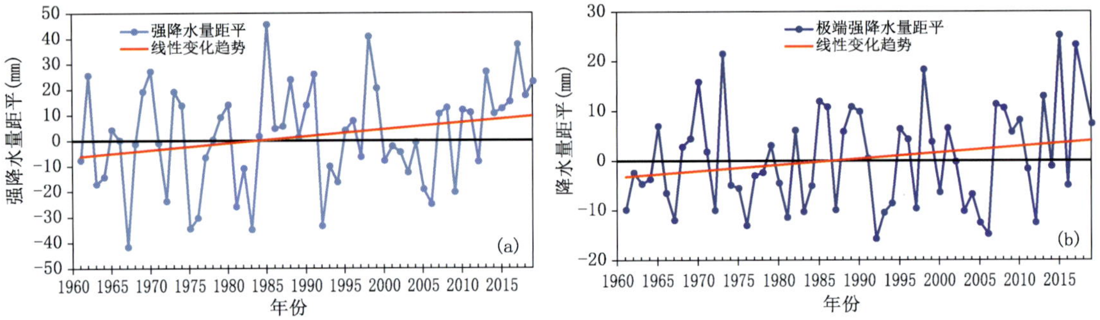

图 2.69 1961—2019 年西藏年强降水量(a)和年极强降水量(b)距平变化趋势

从变化趋势空间分布来看，近 59 年(1961—2019 年)有 72%的站点年强降水量趋于增多(图 2.70(a))，增幅为 1.09～8.71 mm/10a，以波密增幅最大，申扎次之(7.98 mm/10a，$P<0.05$)；其他各站均呈现出减少趋势，平均每 10 年减少 0.01～3.69 mm，其中丁青减幅最大。年极强降水量(图 2.70(b))在 72%的站点上表现为增多态势，增幅为 0.03～6.29 mm/10a，以林芝增幅大($P<0.10$)；特别是近 29 年(1991—2019 年)，增幅达 17.45 mm/10a，拉萨次之(4.61 mm/10a，$P<0.05$)；其他 5 个站均呈现出减少趋势，平均每 10 年减少 0.22～3.86 mm(丁青最大，泽当最小)。

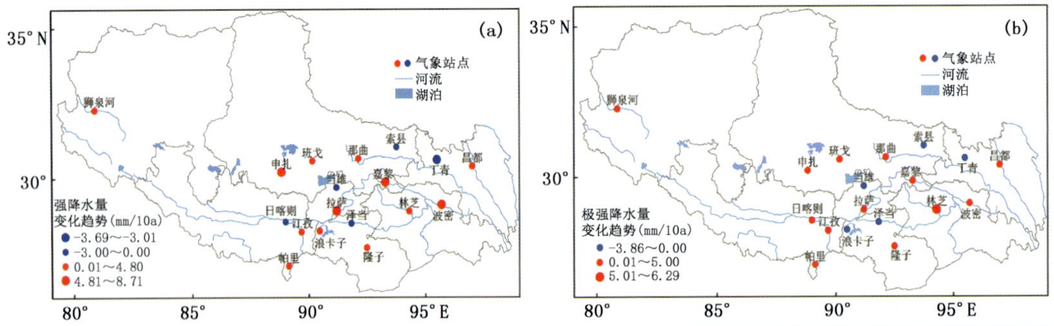

图 2.70 1961—2019 年西藏年强降水量(a)和年极强降水量(b)变化趋势空间分布

2.3 天气现象

2.3.1 霜

1961—2019 年，西藏平均年霜日数呈明显增加趋势（图 2.71），平均每 10 年增加 5.34 d（$P<0.001$）。20 世纪 60 年代至 80 年代中期霜日数偏少，80 年代后期至 90 年代霜日数偏多，进入 21 世纪后以振荡减少为其年际变化特征。近 29 年（1991—2019 年）年霜日数表现为显著的减少趋势，为 −11.55 d/10a（$P<0.001$）。

2019 年，西藏平均年霜日数为 97 d，较常年值（124 d）偏少 27 d，是 1961 年以来第十七个偏少年份。

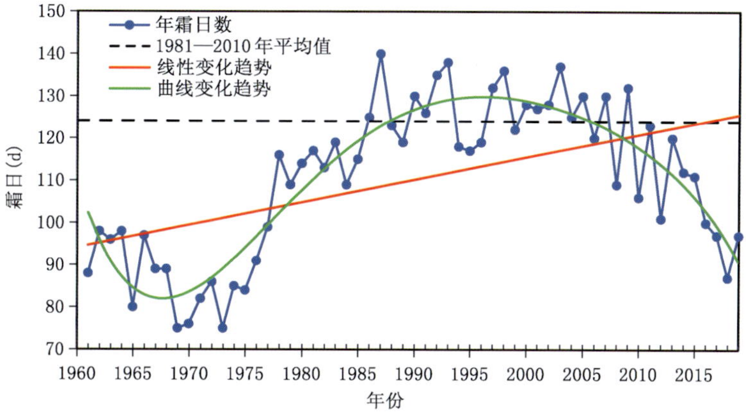

图 2.71　1961—2019 年西藏平均年霜日数变化趋势

从 1961—2019 年西藏年霜日数变化趋势空间分布（图 2.72）来看，狮泉河、班戈、索县、拉萨、日喀则和帕里 6 个站年霜日数均表现为减少趋势，为 −0.35～−20.69 d/10a，以拉萨减幅最大（$P<0.001$），班戈次之（−10.38 d/10a，$P<0.001$），日喀则减幅最小；其他各站年霜日数均呈增加趋势，增

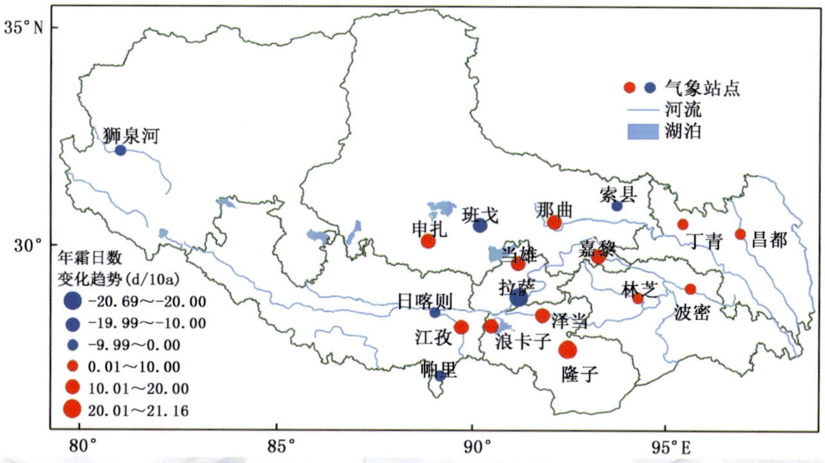

图 2.72　1961—2019 年西藏年霜日数变化趋势空间分布

幅为 0.03～21.16 d/10a(10 个站 $P<0.05$)，以隆子增幅最大($P<0.001$)，其次是当雄(19.92 d/10a，$P<0.001$)，波密增幅最小。近 29 年(1991—2019 年)年霜日数仅在申扎和隆子表现为增加趋势，增幅为 4.26～8 d/10a，以申扎增幅最大($P<0.10$)；其他各站均呈减少趋势，为－1.48～－38.67 d/10a，以索县减幅最大($P<0.001$)，江孜次之，为－26.65 d/10a($P<0.001$)，林芝减幅最小。

2.3.2 冰雹

1961—2019 年，西藏平均年冰雹日数呈明显减少趋势(图 2.73)，平均每 10 年减少 2.01 d($P<0.001$)，特别是近 29 年(1991—2019 年)减幅更为明显，为－3.15 d/10a($P<0.001$)。20 世纪 60 年代中期至 80 年代初为西藏冰雹高发期，以 70 年代最多；90 年代以来明显减少。

2019 年，西藏平均年冰雹日数为 0.9 d，较常年值(10.3 d)偏少 9.4 d，继续创 1961 年以来的最少值。其中，西藏年冰雹日数最多的地方发生在丁青，为 4 d，较常年值偏少 5 d，也创 1961 年以来并列第十个偏少年份。

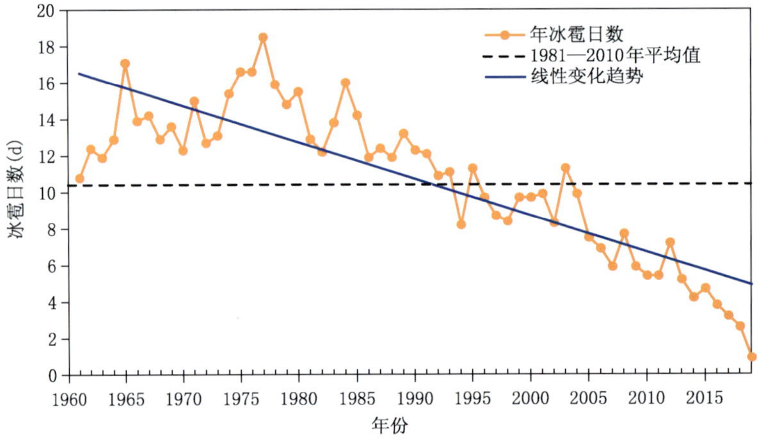

图 2.73　1961—2019 年西藏平均年冰雹日数变化趋势

从近 59 年(1961—2019 年)西藏年冰雹日数变化趋势空间分布(图 2.74)来看，各站年冰雹

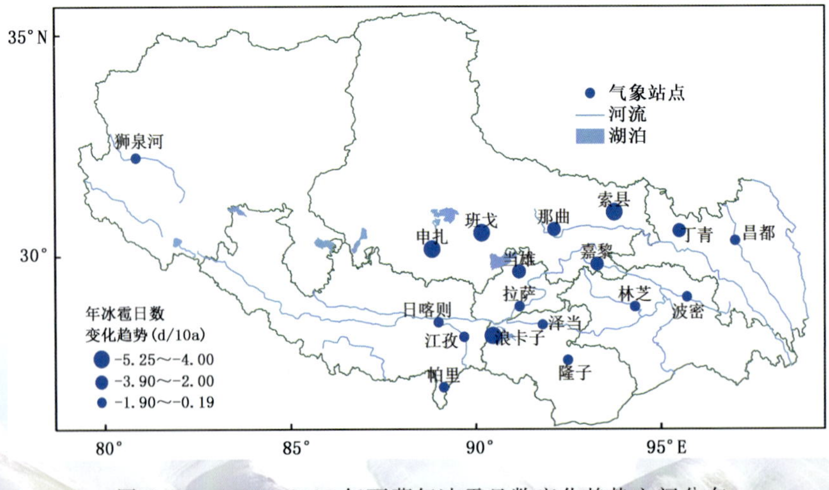

图 2.74　1961—2019 年西藏年冰雹日数变化趋势空间分布

日数均表现为减少趋势，为－0.19～－5.25 d/10a，以申扎减幅最大（$P<0.001$），浪卡子次之（－4.13 d/10a，$P<0.001$），波密减幅最小。近 29 年（1991—2019 年）大部分站点年冰雹日数减少趋势更为明显，其中班戈为－11.63 d/10a（$P<0.001$），申扎为－9.04 d/10a（$P<0.001$）。

2.3.3　大风

1965—2019 年，西藏平均年大风日数呈明显减少趋势（图 2.75），平均每 10 年减少 9.24 d（$P<0.001$）。20 世纪 60 年代中后期至 80 年代为西藏大风多发期，90 年代以来明显减少。

2019 年，西藏平均年大风日数为 30 d，较常年值（46 d）偏少 16 d，为 1965 年以来并列第四个偏少年份。

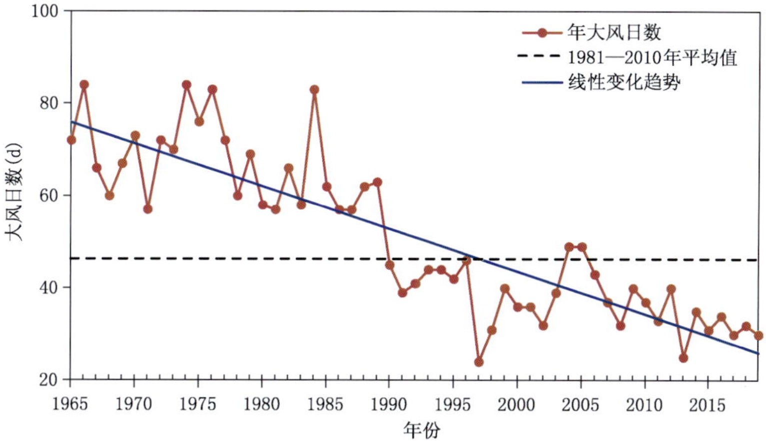

图 2.75　1965—2019 年西藏平均年大风日数变化趋势

从近 54 年（1965—2019 年）西藏年大风日数变化趋势空间分布（图 2.76）来看，年大风日数在班戈、申扎、索县和帕里 4 个站上均表现为增加趋势，增幅为 1.20～8.47 d/10a，其中索县增幅最大（$P<0.001$），帕里次之（5.32 d/10a，$P<0.01$），班戈增幅最小，但近 29 年（1991—2019 年）大风日数减少明显，为－8.6 d/10a，$P<0.05$；其他各站年大风日数均呈减少趋势，平

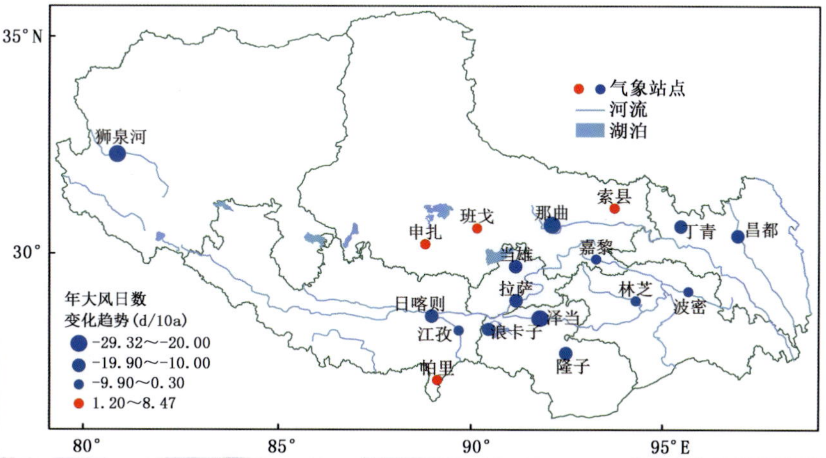

图 2.76　1965—2019 年西藏年大风日数变化趋势空间分布

均每 10 年减少 0.30～29.32 d,以狮泉河减幅最大($P<0.001$),其次是泽当(−27.25 d/10a,$P<0.001$),波密减幅最小。

2.3.4 沙尘暴

1961—2019 年,西藏年沙尘暴日数呈显著减少趋势(图 2.77),平均每 10 年减少 1.23 d($P<0.001$)。20 世纪 70 年代中期至 80 年代初为沙尘暴频发期,90 年代初以后明显减少,尤其是 2004 年以来减少得更为明显,最多有 1～2 d,其中 2014—2019 年,除隆子 2019 年有 1 d 沙尘暴外,其他各站连续 5 年没有出现过沙尘暴。

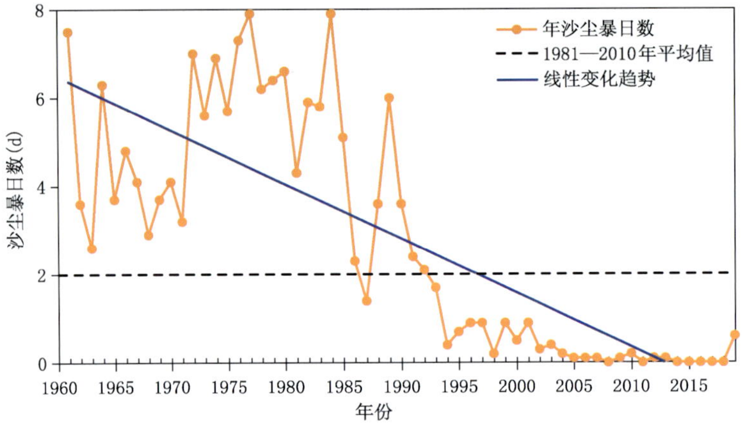

图 2.77　1961—2019 年西藏年沙尘暴日数变化趋势

从 1961—2019 年西藏年沙尘暴日数变化趋势空间分布(图 2.78)来看,近 59 年(1961—2019 年)各站均表现为减少趋势,其中林芝、嘉黎、波密减幅较小,不足 0.10 d/10a;其他各站平均每 10 年减少 0.11～4.28 d,以申扎减幅最大($P<0.001$),泽当次之(−4.14 d/10a,$P<0.01$),帕里减幅最小。

图 2.78　1961—2019 年西藏年沙尘暴日数变化趋势空间分布

第 3 章 西藏自治区冰冻圈的变化

冰冻圈是指水分以冻结状态(雪和冰)存在的地球表层的一部分,它由雪盖、冰盖、冰川、多年冻土及浮冰(海冰、湖冰和河冰)组成。冰冻圈以高反照率、高冷储、巨大相变潜热、强大的冷水大洋驱动,以及显著的温室气体源汇作用而对全球和区域气候系统施加着强烈的反馈作用,是气候系统五大圈层之一。

冰冻圈由于对气候的高度敏感性和重要的反馈作用,是影响全球和区域气候变化的重要因子,也是对全球气候变化最为敏感的一个圈层。青藏高原是中国冰冻圈分布最广的区域,冰冻圈面积达 160×10^4 km^2,占中国冰冻圈总面积的 70%。受气候变化和人类活动的影响,冰冻圈变化的气候效应、环境效应、资源效应、生态效应、灾害效应和社会效应日趋显著,对未来生态与环境安全和社会经济发展等将产生广泛和深刻的影响(姚檀栋 等,2013)。本章从西藏自治区冰川、积雪和冻土的监测出发,揭示了冰冻圈气候变化的观测事实,对综合分析冰冻圈主要成员变化的强度、模式和速率及其影响具有重要意义。

3.1 典型冰川(冰湖)

以青藏高原为中心的冰川群是中国乃至整个亚洲高原冰川的核心。根据第一次中国冰川编目资料统计(蒲健辰 等,2004),青藏高原中国境内有现代冰川 36 793 条,冰川面积为 49 873.44 km^2,冰储量约为 4 561.3857 km^3,分别占中国冰川总条数的 79.5%、冰川总面积的 84.0%和冰储量的 81.6%。这些冰川大多集中分布在高原南缘的喜马拉雅山、西部的喀喇昆仑山和北部的昆仑山西段等山系。由于全球变暖,青藏高原冰川自 20 世纪 90 年代以来呈全面、加速退缩趋势(姚檀栋 等,2004;2007;施雅风 等,2006;陈锋 等,2009;Yao et al.,2012)。

3.1.1 古里雅冰川

古里雅冰川位于青藏高原西北边缘的西昆仑山,界于西藏自治区和新疆维吾尔自治区,大部分冰盖位于西藏自治区境内,是目前在中低纬度发现的最高、最大、最厚和最冷的冰帽。该冰帽总面积可达 376.05 km^2,平均厚度约为 200 m(姚檀栋 等,1992)。该冰帽是一个极地型冰川,不仅冰温、冰川性质与极地冰相近,而且冰面气候环境特征也同极地冰盖一样具有明显的空间变化特征。古里雅冰帽还是迄今在中国发现的最稳定的冰川(陈万宝 等,2017)。

本公报根据 1977 年、1997 年、2001 年、2007 年、2018—2019 年 Landsat/TM 遥感数据提取古里雅冰川面积结果显示,近 40 年古里雅冰川平均面积为 137.19 km^2,1977 年和 2019 年冰川面积分别为 138.52 km^2 和 137.19 km^2,减少 1.33 km^2。其中,西藏境内的古里雅冰川平均面积为 113.06 km^2,呈下降趋势,1977 年冰川面积为 114.97 km^2,1997 年和 2001 年

冰川面积相差无几，分别为 112.39 km² 和 112.43 km²，2018 年和 2019 年冰川面积分别为 112.79 km² 和 112.68 km²，近 40 年冰川面积减少 2.29 km²，面积变化率为−1.99%，年平均变化速率为 0.05%。(图 3.1)。

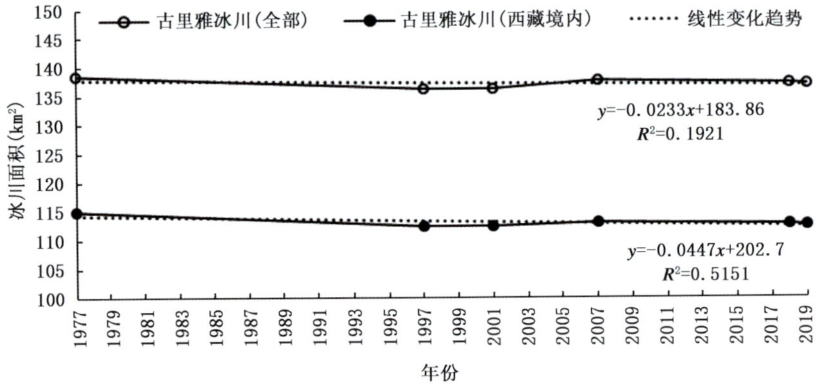

图 3.1　1977—2019 年古里雅冰川面积变化趋势

如图 3.2 所示，从古里雅冰川 1977 年和 2019 年空间变化分析来看，西南角冰川末端退缩明显，东南部略有变化，其他区域变化不明显，近 40 年古里雅冰川面积整体较稳定。

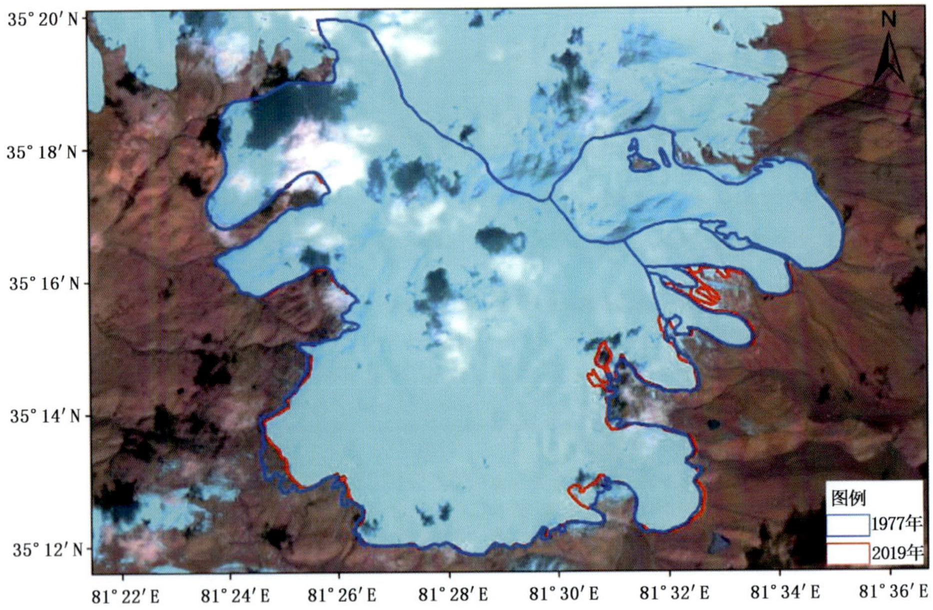

图 3.2　1977 年和 2019 年古里雅冰川空间变化

3.1.2　普若岗日冰川

普若岗日冰川位于西藏那曲市，是藏北高原最大的由数个冰帽型冰川组合成的大冰原。冰川分布范围为 33°44′～34°04′N，89°20′～89°50′E，覆盖总面积为 422.58 km²，冰储量为 52.5153 km³，冰川雪线海拔 5 620～5 860 m，是世界上最大的中低纬度冰川，也被确认为世界上除南极、北极以外最大的冰川(拉巴 等,2016)。

本公报根据1976—2019年Landsat系列和高分卫星数据分析来看,普若岗日冰川面积整体呈现波动减少趋势(图3.3)。2016年冰川面积达到最低值为383.25 km^2,2019年冰川面积为405.89 km^2,较1976年(435.57 km^2)减少了29.68 km^2,面积变化率为−6.81%。主要变化区位于北部和东南部,其余部分变化相对较小(图3.4)。

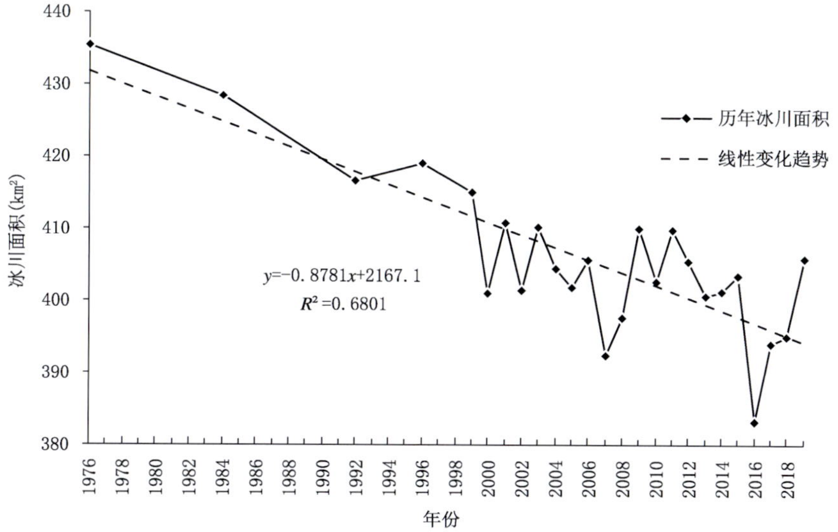

图3.3 1976—2019年普若岗日冰川面积变化趋势

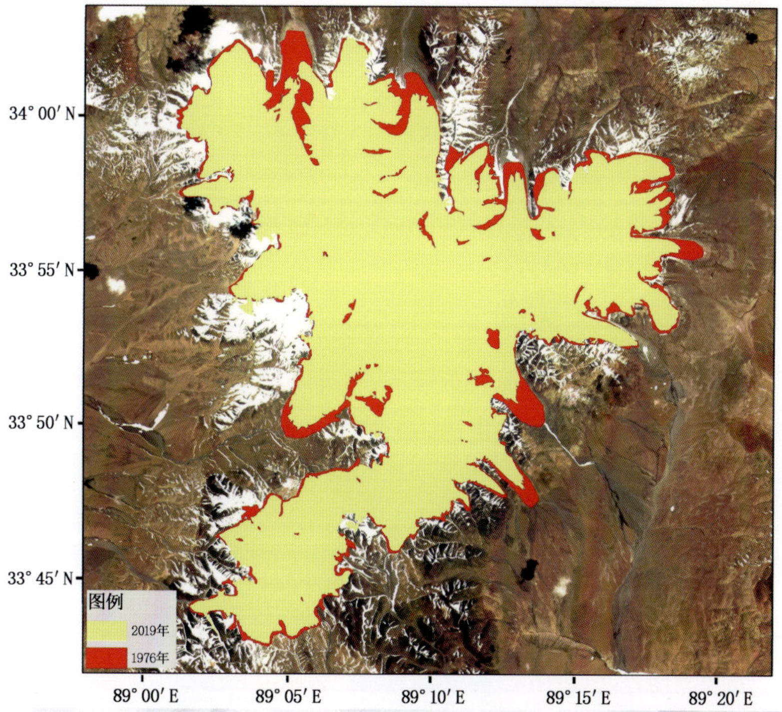

图3.4 1976—2019年普若岗日冰川空间变化

3.1.3 申扎杰岗日冰川

申扎杰岗日冰川(30°29′～30°53′N,88°25′～88°42′E)位于西藏自治区申扎县西南部,最高峰甲岗峰海拔 6 444 m,共有冰川 133 条,面积约 87 km²,其中以悬冰川数量最多,共 106 条,面积 38 km²,较大的冰川为甲岗峰南的扎嘎冰川,朝向东,长 3.6 km,面积 3.47 km²,末端海拔 5380 m,粒雪线海拔 5700 m,岗清万弄冰川是该山最大的冰川,长 4.1 km,面积 4.26 km²,冰舌末端 5630 m,冰川融水哺育了申扎河两岸大片的沼泽,汇入格仁错。

本公报利用 1976 年、1989 年、2000 年、2005 年、2010 年、2018—2019 年 Landsat/TM 数据对申扎杰岗日冰川区进行分析(图 3.5),结果显示,44 年(1976—2019 年)冰川总体呈现退缩趋势,平均面积为 85.59 km²,面积变化率－40.76%,年平均变化速率 0.94%。从 1976 年的 118 km² 减少到 2019 年的 69.9 km²,冰川面积减少 48.1 km²,尤其是 2001 年后冰川以负距平为主。

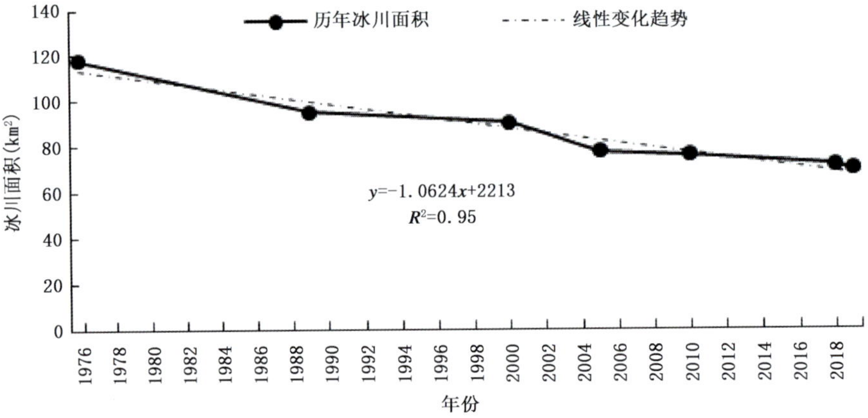

图 3.5　1976—2019 年申扎杰岗日冰川面积变化趋势

从 1976 年和 2019 年冰川空间变化分析来看(图 3.6),申扎杰岗日冰川山脉西坡方向及其南部零碎冰川有明显的减少现象。

3.1.4 杰马央宗冰川及冰湖

杰马央宗冰川(30°11′～30°15′N,82°07′～82°14′E)位于青藏高原西南部边缘的喜马拉雅山中西段交界处,西藏日喀则市仲巴县境内,是西藏母亲河——雅鲁藏布江的正源,冰川海拔 5 590 m。刘晓尘等(2011)2010 年 10 月现场实测得到冰川长 8.2 km,面积 20.67 km²,垭口海拔 5 750 m,末端海拔 5 035 m。分析发现 1974—2010 年,杰马央宗冰川面积减少了 5.1%(由 21.78 km²减少至 20.67 km²),冰川末端退缩了 768 m(21 m/a),自 2000 年开始末端退缩速度明显加快;冰湖面积增加了 62.9%(由 0.70 km² 增加至 1.14 km²),冰湖体积扩大约 9.8×10⁶ m³。

本公报利用 1976—2019 年 Landsat/TM 数据分析,杰玛央宗冰川平均面积为 21.76 km²,呈退缩趋势(图 3.7,图 3.8(a)),冰川面积从 1976 年的 22.98 km² 减少到 2019 年的 21.37 km²,44 年来共减少 1.61 km²,面积变化率为－7.01%,年平均变化速率为 0.16%;2006 年之后冰川面积以负距平为主。冰川长度从 1976 年的 9 760 m 减少到 2019 年的 8 838 m,44 年来共退缩 922 m。

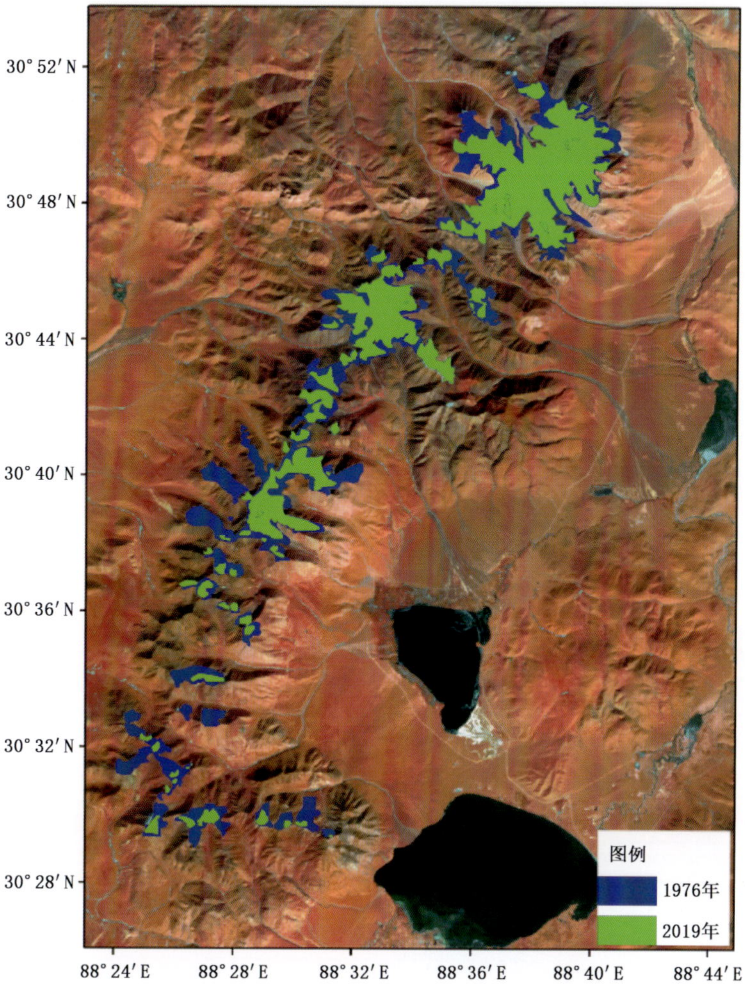

图 3.6 1976 年和 2019 年申扎杰岗日冰川空间变化

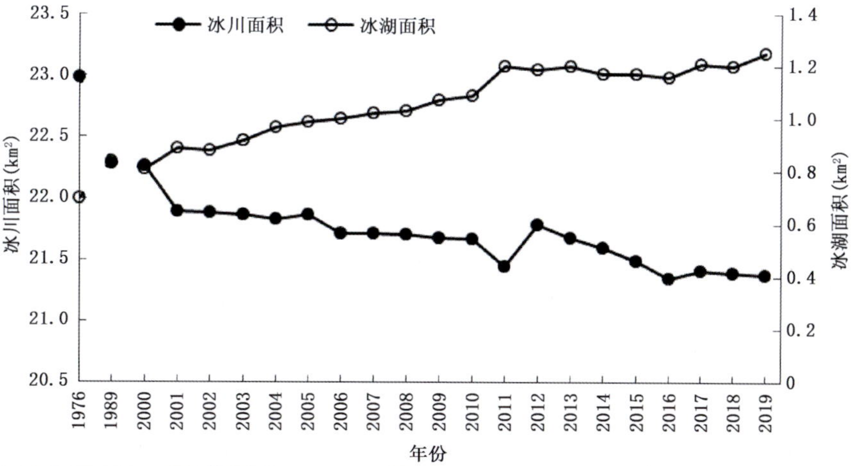

图 3.7 1976—2019 年杰马央宗冰川和冰湖面积变化趋势

1976—2019 年杰玛央宗冰川末端冰湖平均面积为 1.04 km²，呈增大趋势，冰湖面积从 1976 年的 0.71 km² 增大至 2019 年的 1.25 km²，44 年来冰湖面积增大 0.54 km²，冰湖面积变化率 76.06%，年平均变化速率为 1.73%，2009 年开始冰湖面积均大于多年平均值。

从杰玛央宗 1976 年和 2019 年空间变化（图 3.8b）特征分析来看，冰川末端退缩明显。

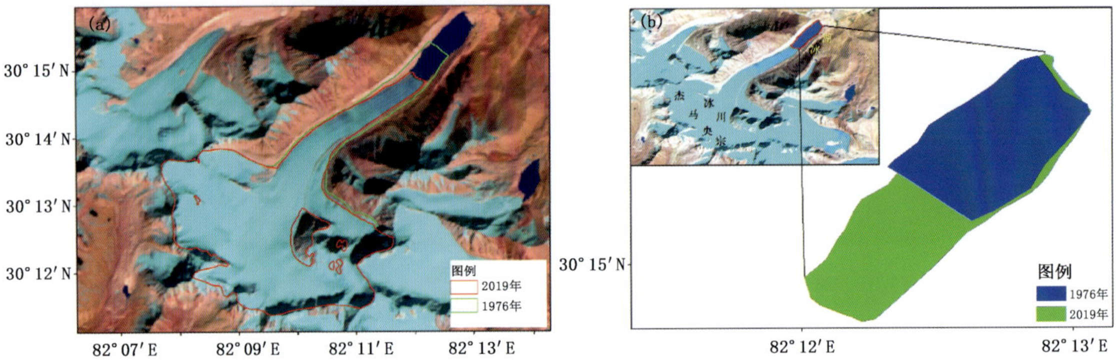

图 3.8　1976 年和 2019 年杰玛央宗冰川(a)及末端冰湖(b)空间变化

3.1.5　冲巴雍曲流域冰川及冰湖

冲巴雍曲是年楚河的支流，属于恒河—雅鲁藏布江—年楚河流域的四级支流。位于西藏自治区日喀则市康马县，发源于西藏喜马拉雅山脉中段北麓冰川。该流域有 13 条冰川，编号为 5O251C0001～5O251C0013，2019 年冰川总面积为 28.20 km²，其中面积最大的冰川为 5O251C0013，2019 年面积为 8.53 km²。该流域有 8 个冰湖，2019 年冰湖总面积为 14.99 km²，其中最大的冰湖为冲巴雍错，2019 年冲巴雍错面积为 12.98 km²（图 3.9）。

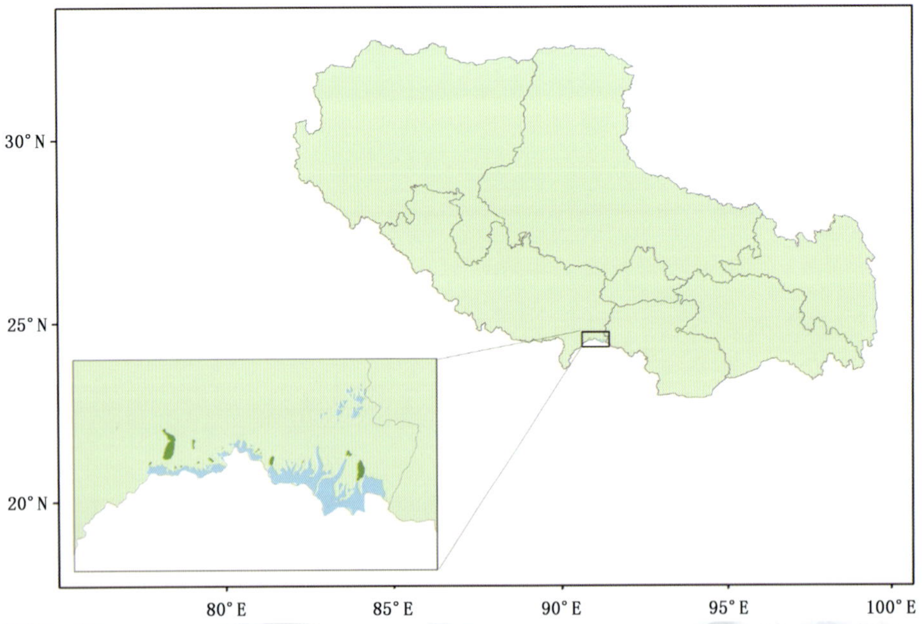

图 3.9　冲巴雍曲流域冰川和冰湖位置示意图

本公报选取1987年、1989年、1991年、1993年、1997年、2001年、2005年、2007年、2009年、2014年10景Landsat TM/ETM+数据和2018年、2019年高分1号数据作为数据源，分析冲巴雍曲流域冰川和冰湖变化情况，结果表明，32年（1987—2019年）来，流域内冰川面积呈减少趋势，面积从1987年的32.0 km^2减少到2019年的28.20 km^2，面积变化率为−11.88%；流域内冰湖面积呈增加趋势，从1987年的13.30 km^2增加到2019年的14.99 km^2，面积变化率为12.71%（图3.10，图3.11）。

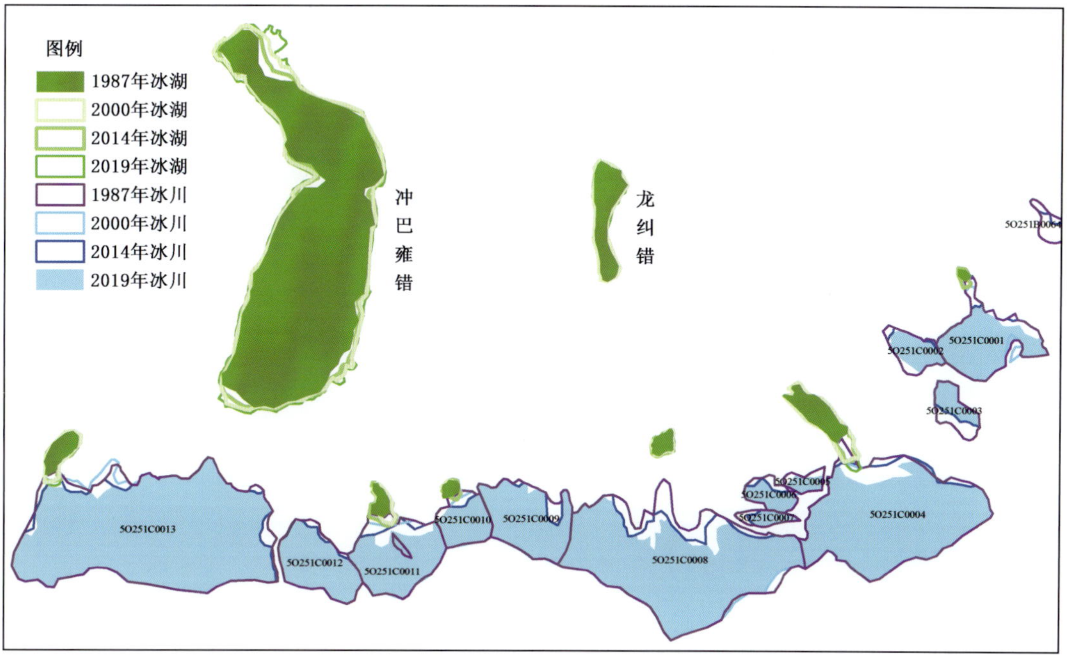

图3.10　1987—2019年冲巴雍曲流域冰川和冰湖空间变化

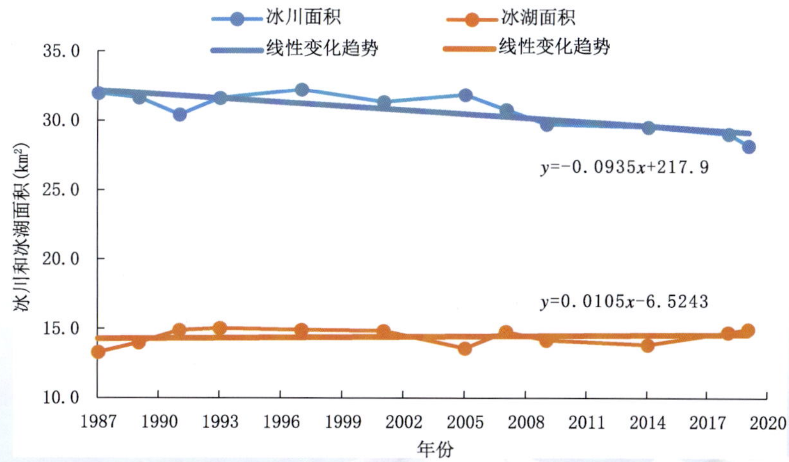

图3.11　1987—2019年冲巴雍曲流域冰川和冰湖面积变化趋势

3.1.6 米堆冰川

中国的海洋型冰川主要分布在横断山、喜马拉雅山东段和南坡以及念青唐古拉山的东段和中段，约占我国现代冰川总条数的18.6%和总面积的22.2%(Su et al.,2002)。由于海洋性冰川受印度季风影响强烈，具有高积累、高消融特征，小幅的气候变化会引起冰川大幅度的后退或前进，所以它又是气候变化的敏感指示器(康尔泗，1996；Zhang et al.,1998；施雅风等，2000；Houghton et al.,2001；Solomon et al.,2007；Wagnon et al.,2007；Fujita，2008)，自小冰期最盛期以来，我国海洋型冰川的面积已经减少了相当于现代冰川面积的30%(Su et al.,2002)。

波密县位于西藏自治区东南部，境内海洋型冰川发育极好，有著名的卡钦、则普、若果、古乡、米堆等冰川。根据中国冰川编目的记录(米德生 等，2002)，本区共发育有1 320条冰川，面积为2 655.2 km²，其中有面积最大的来古冰川和冰川末端延伸较低的阿扎冰川。杨威等(2008)研究发现，从20世纪70年代以来，本区冰川经历了严重的物质损耗与退缩。南坡的阿扎冰川冰舌末端由于表面强烈消融而形成长约6 km的表碛覆盖区，冰川末端呈现出加速退缩的态势。从北坡的四条冰川物质平衡观测数据显示，2006年5月至2007年5月冰川表面出现较大亏损，冰川退缩速度为15～19 m。

本公报利用1984—2015年Landsat/TM和2019年高分一号遥感影像资料对米堆冰川面积变化进行分析，结果显示，36年(1984—2019年)来冰川面积总体呈减少趋势，从1984年的29.39 km²减少到2019年的28.77 km²，共减少0.62 km²，面积变化率为−2.11%。具体表现为，1984—1999年冰川面积明显减少，年平均变化率为−1.94%；2004—2019年冰川面积减少更明显，平均年变化率为−1.7%(图3.12)。

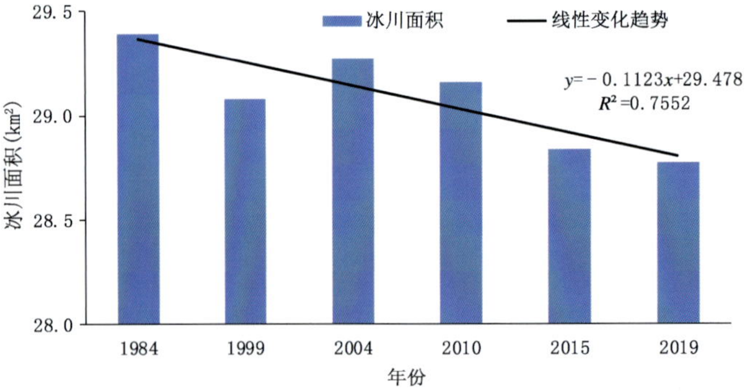

图3.12 1984—2019年米堆冰川面积变化趋势

从1984年和2019年米堆冰川面积空间变化显示，冰川末端及尾部边缘区退缩最明显。冰碛物面积呈增加趋势，从1984年的0.93 km²增加至2019年的2.38 km²，共增长了1.45 km²，年平均变化率为3.97%。冰碛物增长，说明冰川消融加快(图3.13，图3.14)。

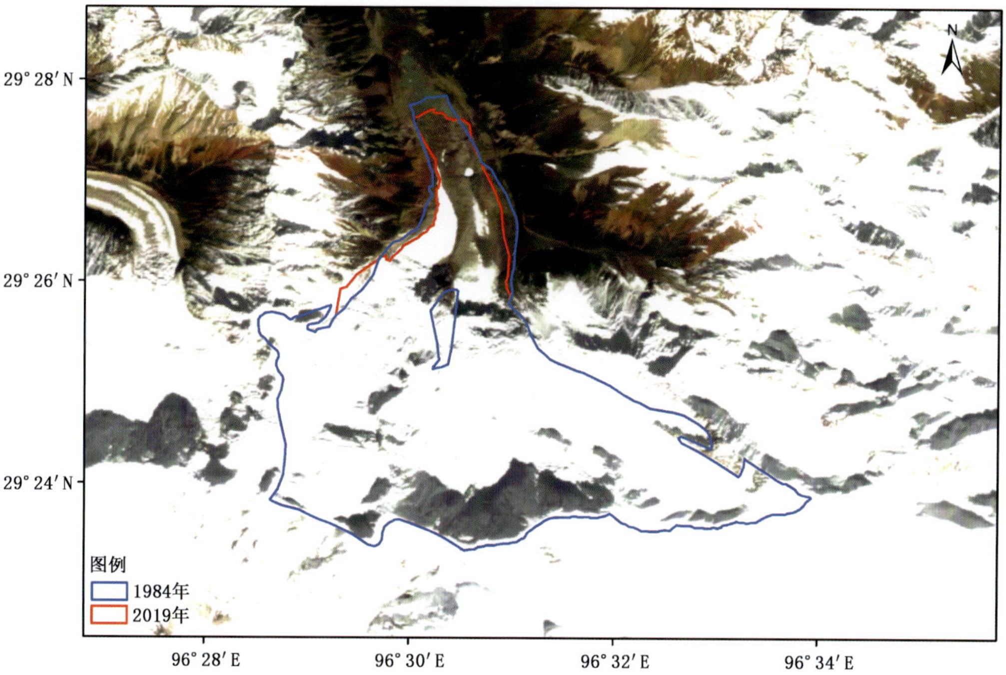

图 3.13　1984 年和 2019 年米堆冰川面积空间变化

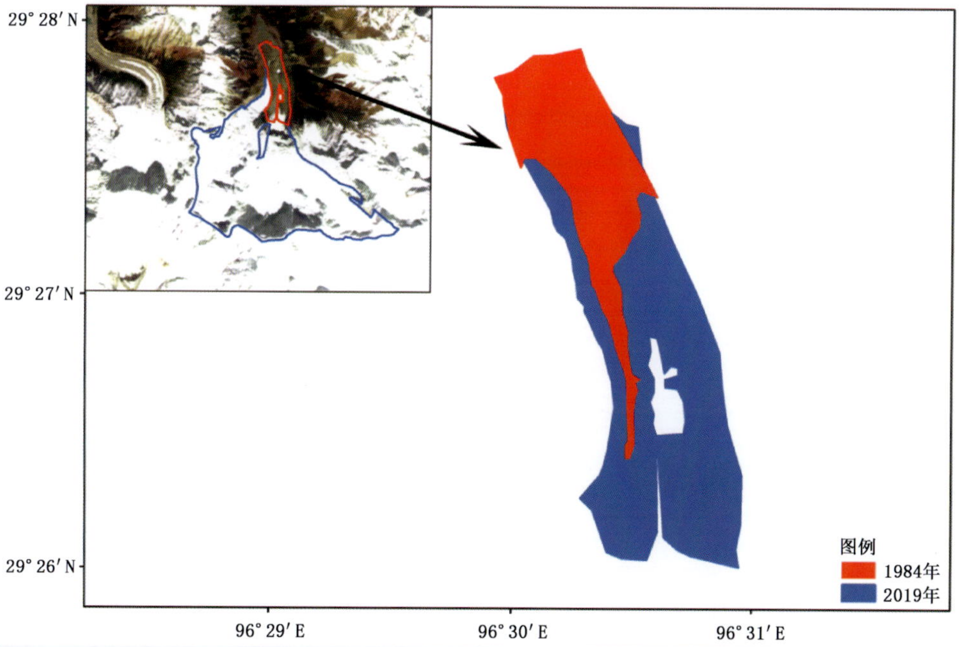

图 3.14　1984 年和 2019 年米堆冰川冰碛物空间变化

3.2 积雪

全球气候变暖大背景下，作为冰冻圈最为活跃和敏感因子，青藏高原积雪变化备受国内外关注。作为“世界第三极”，青藏高原地处北半球中纬度地区，平均海拔 4000 m 以上，是北半球中纬度海拔最高、积雪覆盖最大的地区，成为仅次于南、北两极的全球冰冻圈所在地（Yao et al.，2012）。青藏高原、蒙古高原、欧洲阿尔卑斯山脉及北美中西部是北半球积雪分布关键区，其中青藏高原是北半球积雪异常变化最强烈的区域（李栋梁 等，2011）。

姚檀栋等（2013）分析认为，过去 50 年，青藏高原积雪面积总体呈减少趋势，但 20 世纪 80 年代至 90 年代略有增加。车涛等（2019）分析认为，1980—2018 年青藏高原积雪呈下降趋势，尤其在 2000 年以后积雪覆盖日数和雪深明显下降。除多（2018）分析认为，2000—2014 年西藏高原积雪面积呈现微弱减少态势，其中秋、冬两季积雪面积略显上升趋势，春季略有减少，夏季减少趋势显著。

王叶堂等（2007）发现，青藏高原积雪面积总体上表现出冬春季减少，夏秋季增加的趋势。年平均积雪深度在 20 世纪 90 年代中期以前为上升趋势，20 世纪 90 年代中后期开始由持续增长转为下降（韦志刚 等，2002；马丽娟 等，2012）；白淑英等（2014）通过对被动微波遥感反演的雪深数据分析发现，1979—2010 年青藏高原雪深呈显著增加趋势，且以冬季增加最为明显。积雪日数在 20 世纪 60 年代至 90 年代中后期是增加的，之后迅速减少（徐丽娇 等，2010）；近 30 年（1981—2010 年）出现了非常显著的减少趋势，其中冬季减幅最为明显，其次是春季（除多 等，2015）。

3.2.1 积雪日数

根据积雪监测表明，近 39 年（1981—2019 年）西藏平均年积雪日数呈明显减少趋势（图 3.15(a)），平均每 10 年减少 4.76 d（$P<0.001$）。其中，藏北地区减少幅度较为明显（图 3.15(b)），为 −9.29 d/10a（$P<0.001$）；南部边缘地区也趋于减少（图 3.15(c)），为 −8.01 d/10a（$P<0.05$）。西藏 20 世纪 80 年代至 90 年代中后期积雪日数偏多，之后至今处于偏少期。

2019 年，西藏平均年积雪日数为 24.7 d，比常年值（29.0 d）偏少 4.3 d，是 1981 年以来第十八个偏少年份。其中，藏北地区平均年积雪日数为 37.3 d，比常年值（51.3 d）偏少 14.0 d，是 1981 年以来第十三个偏少年份。南部边缘地区平均年积雪日数为 81.3 d，比常年值（77.0 d）偏多 4.3 d，为 1981 年以来与 2002 年并列第十一个偏多年份。

从 1981—2019 年西藏年积雪日数变化趋势空间分布来看（图 3.16），所有站年积雪日数都表现为减少趋势，平均每 10 年减少 0.17～15.10 d（23 个站 $P<0.05$），减幅以安多最大（$P<0.001$），其次是索县，为 −14.21 d/10a（$P<0.001$），拉孜最小。其中，那曲市大部、丁青平均每 10 年减少 10.0 d 以上。

3.2.2 最大积雪深度

根据积雪监测表明，近 39 年（1981—2019 年）西藏平均年最大积雪深度呈减小趋势（图 3.17(a)），平均每 10 年减小 0.37 cm（未通过显著性检验水平）。其中，南部边缘地区减幅相对较小（图 3.17(c)），为 −0.15 cm/10a（未通过显著性检验水平）；藏北地区也呈减小趋势（图

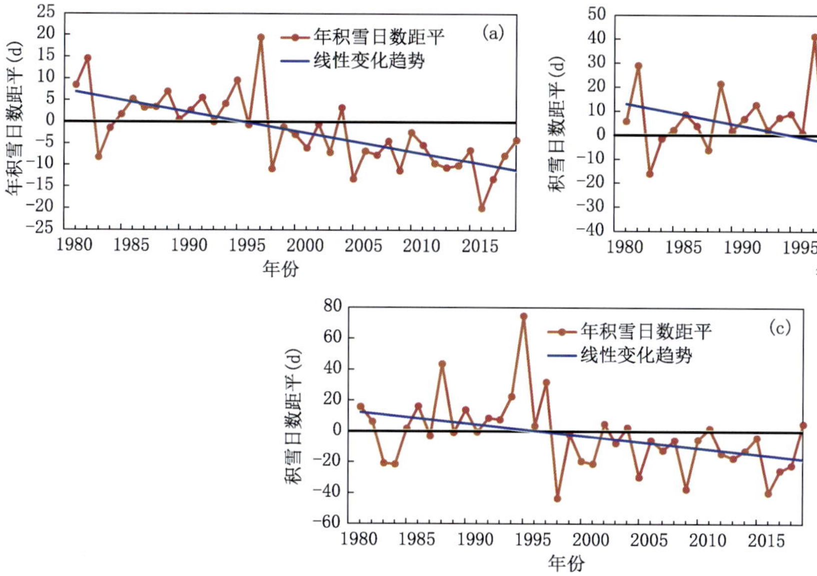

图 3.15　1961—2019 年西藏平均年积雪日数距平变化趋势

(a)全自治区,(b)藏北地区,(c)南部边缘地区

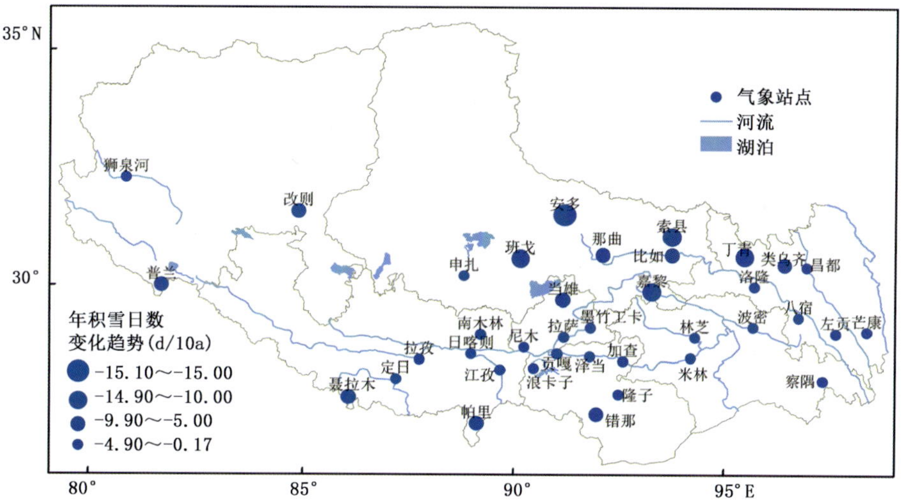

图 3.16　1981—2019 年西藏年积雪日数变化趋势空间分布

3.17(b)),减幅为−0.66 cm/10a($P<0.05$)。

2019 年,西藏平均最大年积雪深度为 9.3 cm,较常年值(8.1 cm)偏深 1.2 cm,为 1981 年以来第九个偏深年份。其中,藏北地区平均最大年积雪深度为 5.3 cm,较常年值(8.6 cm)偏浅 3.3 cm,为 1981 年以来第四个偏浅年份。南部边缘地区平均最大年积雪深度为 60.3 cm,较常年值(35.2 cm)偏深 25.1 cm,为 1981 年以来第五个偏深年份。

图 3.18 给出了 1981—2019 年西藏年最大积雪深度变化趋势空间分布情况,结果显示,年最大积雪深度趋于增加的地方分布在阿里地区南部、日喀则市大部、山南市南部以及贡嘎、墨

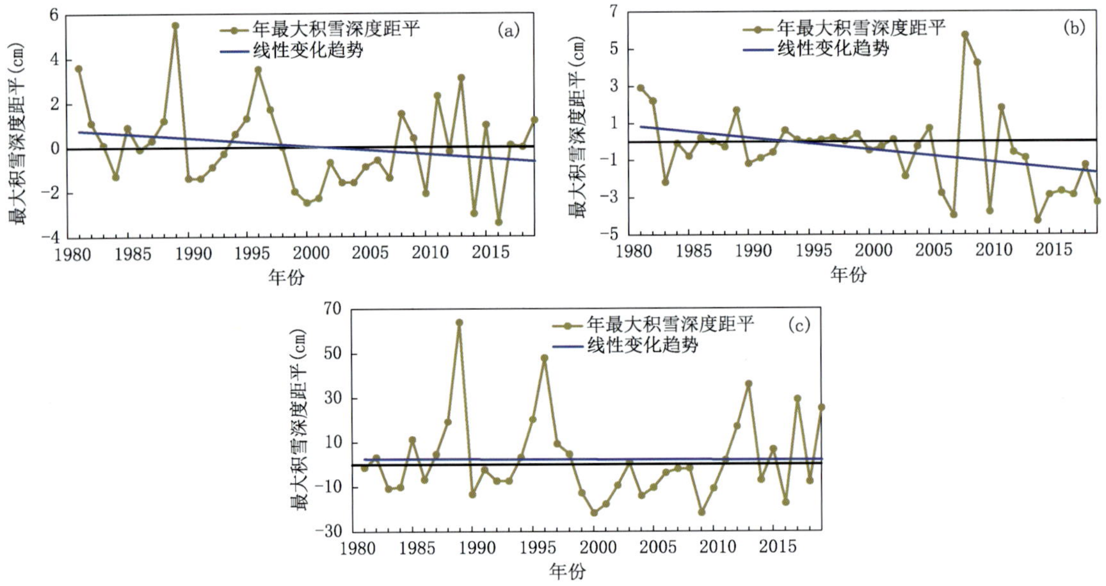

图 3.17　1981—2019 年西藏年最大积雪深度距平变化趋势

(a)全自治区,(b)藏北地区,(c)南部边缘地区

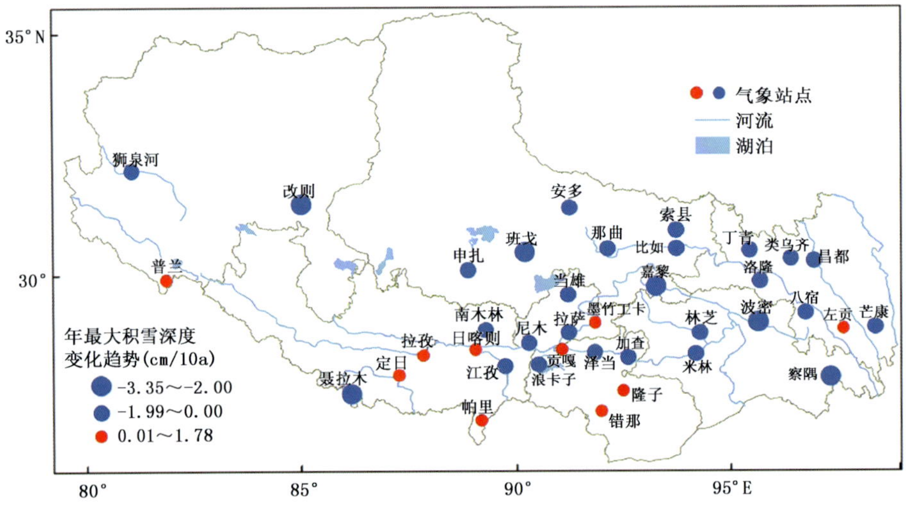

图 3.18　1981—2019 年西藏年最大积雪深度变化趋势空间分布

竹工卡、左贡等地,平均每 10 年增加 0.06～1.78 cm(未通过显著性检验),以错那最大,其次是帕里(1.13 cm/10a),定日最小。其他各站年最大积雪深度均呈减小趋势,为－0.09～－3.35 cm/10a,其中聂拉木减幅最大(未通过显著性检验),波密次之(－1.97 cm/10a,$P<0.05$),南木林减幅最小。

3.2.3 积雪面积

本公报利用近 19 年(2001—2019 年)美国冰雪研究中心制作的 MODIS/EOS 8d 合成积雪产品(MOD10A2),分析了近 19 年西藏积雪面积的变化,结果发现,西藏每年积雪面积都在 15×10^4 km^2 以上,年平均积雪面积约为 21×10^4 km^2,总体来看,近 19 年积雪面积呈增加趋势(图 3.19)。2019 年是 2001 年以来西藏积雪面积最多的年份,2010 年积雪面积最少。

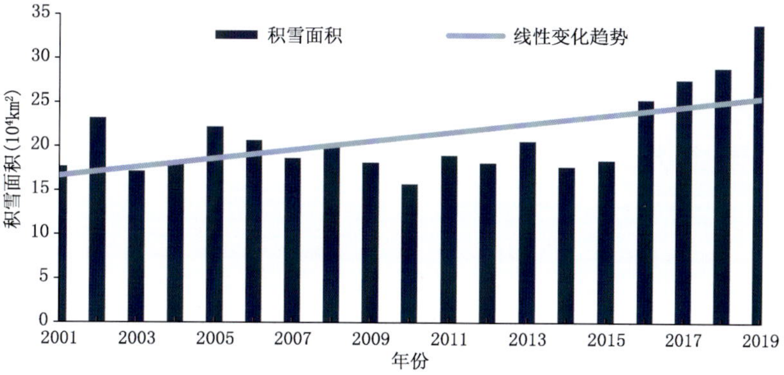

图 3.19　2001—2019 年西藏平均积雪面积变化趋势

从 2001—2019 年西藏四季积雪面积变化趋势来看(图 3.20),四季积雪面积都表现为增加趋势。由于 2016—2019 年春、夏两季的积雪面积远高于其他年份,春、夏两季积雪面积增加趋势尤为突出,增幅分别为 6 834 km^2/a、4 477 km^2/a。春、秋、冬季最高值都出现在 2019 年,夏季最高值出现在 2017 年。

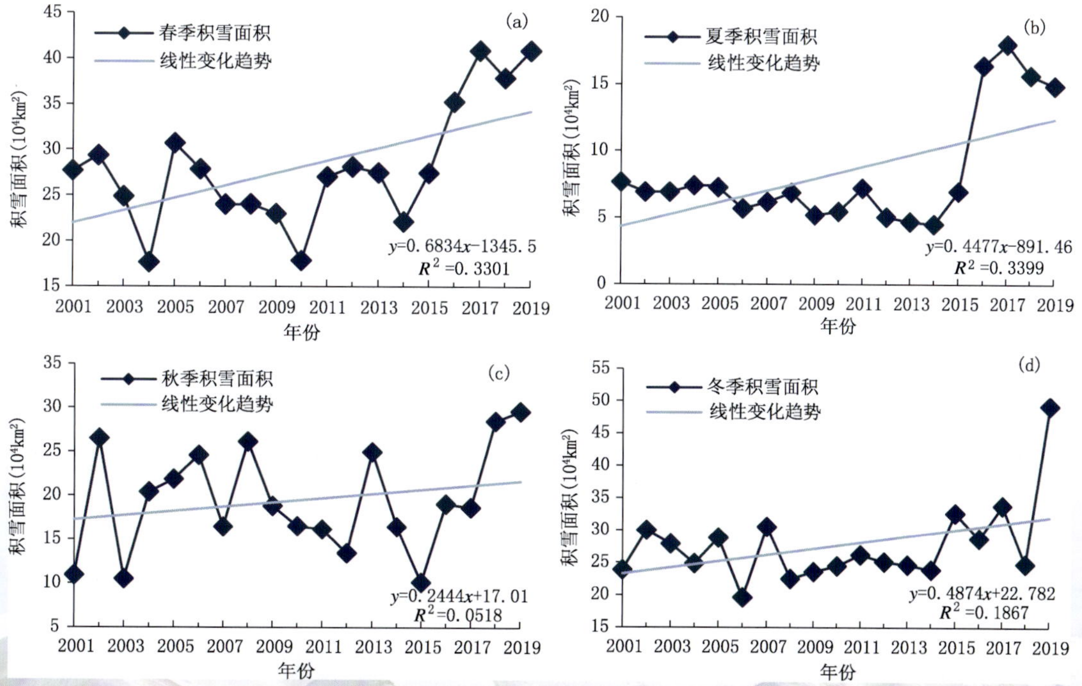

图 3.20　2001—2019 年西藏四季积雪面积变化趋势

3.3 冻土

作为全球最主要的高海拔冻土区，青藏高原现存多年冻土面积约为 $126\times10^4\,km^2$，约占高原总面积的 56%(程国栋 等，2013)。其中，高原型冻土作为主体主要发育在青藏高原腹地，而高山型冻土主要发育在其周边的山地，如喜马拉雅山、祁连山、横断山、昆仑山等。近几十年气候变暖是冻土退化的基础因素，人为活动在局部加速了冻土退化。高原冻土在 1976—1985 年基本处于相对稳定状态，1986—1995 年逐渐向区域性退化趋势发展，1996 年至今已演变为加速退化阶段，推测未来几十年内冻土退化仍会保持或加速(程国栋 等，2013)。

3.3.1 最大冻土深度

根据西藏 16 个气象观测站冻土监测记录表明，1961 年以来西藏季节性最大冻土深度呈持续减小趋势，不同海拔地区减小特征趋同存异。其中，海拔 4 500 m 以上地区减小趋势最为明显，平均每 10 年减小 16.31 cm($P<0.001$，图 3.21(a))；3 200～4 500 m 中等海拔地区最大冻土深度趋于减少，为 −4.53 cm/10a($P<0.001$，图 3.21(b))；海拔 3 200 m 以下地区呈弱的减小趋势(−0.08 cm/10a，图 3.21(c))。近 29 年(1991—2019 年)各海拔高度上最大冻土深度减幅更大，分别为 −35.67 cm/10a($P<0.001$)、−5.88 cm/10a($P<0.001$)和 −1.45 cm/10a($P<0.001$)。

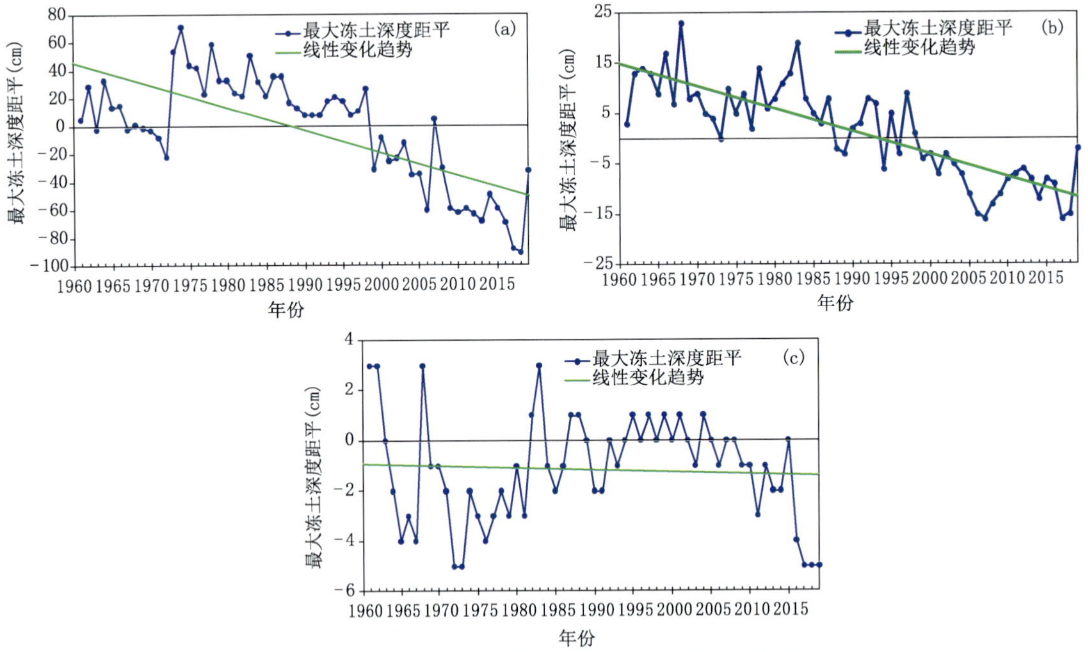

图 3.21 1961—2019 年西藏海拔 4 500 m 以上(a)、海拔 3 200～4 500 m(b)和海拔 3 200 m 以下(c)地区最大冻土深度距平变化趋势

2019 年，4 500 m 以上高海拔地区最大冻土深度为 213 cm，较常年值减小 32 cm，为 1961 年以来第十四个偏浅年份；3 200～4 500 m 中等海拔地区最大冻土深度为 47 cm，较常年值减

小 2 cm，为 1961 年以来第二十四个偏浅年份；3 200 m 以下低海拔地区最大冻土深度为 5 cm，较常年值偏浅 5 cm，是 1961 年以来与 2017 年、2018 年并列最浅年份。

图 3.22 绘出了 1961—2019 年西藏最大冻土深度变化趋势空间分布情况，从图中可知，近 59 年(1961—2019 年)最大冻土深度仅在林芝站趋于增大，为 0.67 cm/10a(P<0.001)；其余各站均呈现出变浅的变化趋势，平均每 10 年变浅 0.78～34.28 cm(14 个站 P<0.001)，其中安多减幅最大(P<0.001)，其次是那曲，为－21.27 cm/10a(P<0.001)，拉萨减幅最小(P<0.001)。近 29 年(1991—2019 年)拉萨、泽当和丁青最大冻土深度趋于增加态势，为 0.84～3.01 cm/10a(丁青最大，拉萨最小)；其他各站为减小趋势，平均每 10 年变浅 0.89～48.95 cm，以安多减幅最大，变浅率达－48.95 cm/10a(P<0.001)，林芝站也趋于减小，为－2.21 cm/10a(P<0.001)。

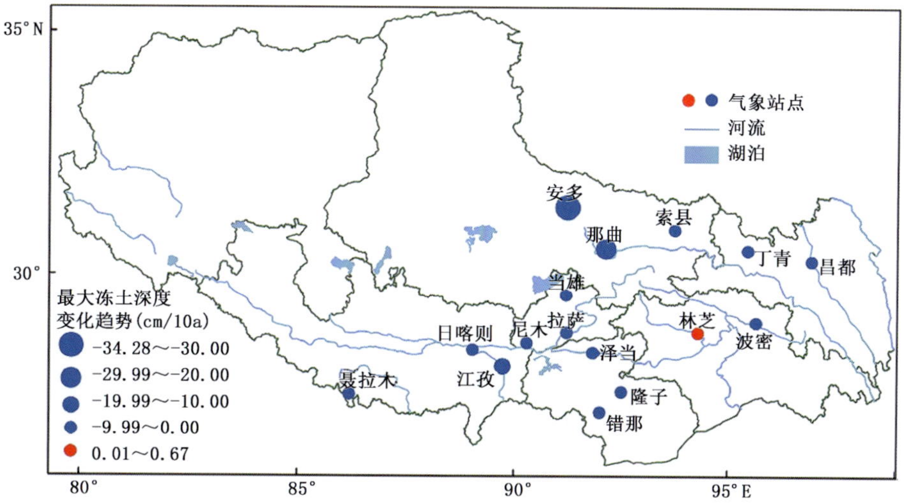

图 3.22　1961—2019 年西藏最大冻土深度变化趋势空间分布

3.3.2　土壤冻结开始日期和终止日期

高荣等(2003)认为，20 世纪 80 年代青藏高原土壤冻结偏早，解冻偏晚，冻结日数偏多；而 90 年代正好相反，冻结偏晚，解冻偏早，冻结日数偏少。土壤始冻日期呈偏晚趋势，解冻日期呈偏早趋势，土壤冻结总体呈退化趋势。

(1)土壤冻结开始日期

根据西藏 16 个气象观测站冻土监测记录表明，近 49 年(1971—2019 年)土壤冻结开始日期在海拔 4 500 m 以上地区推迟最为明显，平均每 10 年推迟了 3.92 d(图 3.23(a)，P<0.001)；3 200～4 500 m 中等海拔地区每 10 年推迟 2.54 d(图 3.23(b)，P<0.001)；而海拔 3 200 m 以下地区却呈现为提早趋势(图 3.23(c))，平均每 10 年提早 0.27 d。近 29 年(1991—2019 年)各海拔高度上土壤冻结开始日期都呈偏晚趋势，为 5.18～6.86 d/10a，以海拔 4 500 m 以上地区偏晚明显(P<0.001)。

2019 年，海拔 4 500 m 以上地区土壤冻结平均开始日期为 11 月 14 日，较常年值偏晚 31 d，是 1971 年以来最晚年份；3 200～4 500 m 中等海拔地区土壤冻结平均开始日期为 11 月

21 日，较常年值偏晚 26 d，为 1971 年以来最晚年份；海拔 3 200 m 以下土壤冻结平均开始日期为 12 月 6 日，较常年值偏晚 16 d，为 1971 年以来第九个偏晚年份。

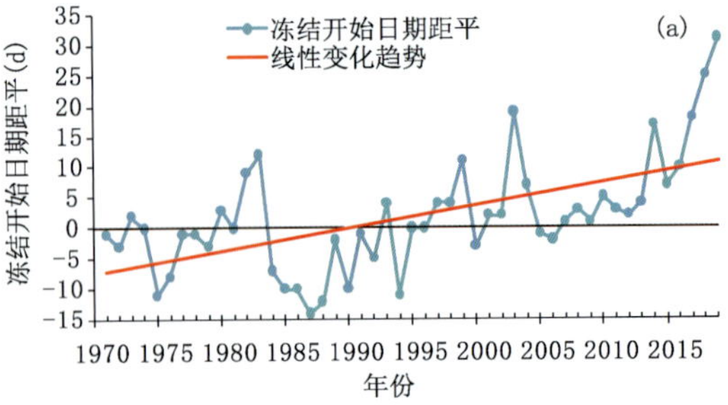

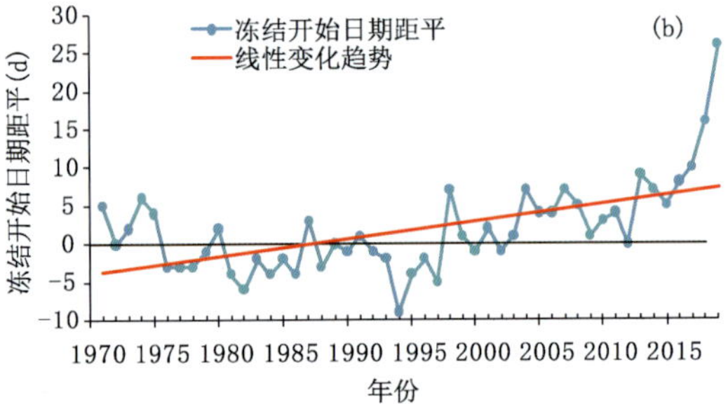

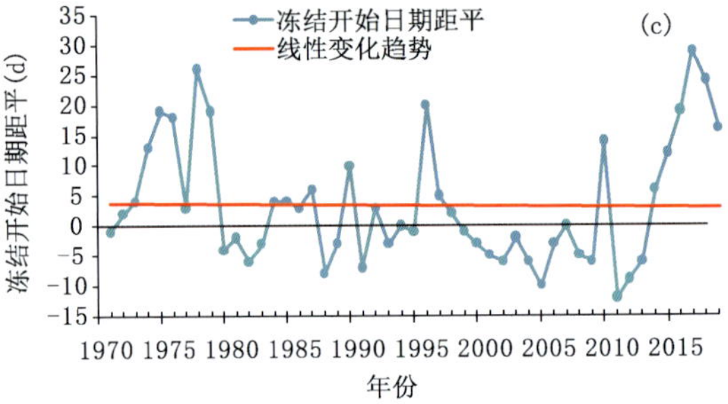

图 3.23　1971—2019 年西藏海拔 4 500 m 以上(a)、海拔 3 200～4 500 m(b)和海拔 3 200 m 以下(c)地区土壤冻结开始日期距平变化趋势

从 1971—2019 年西藏土壤冻结开始日期变化趋势空间分布来看(图 3.24)，近 49 年(1971—2019 年)索县、当雄和林芝 3 个站土壤冻结开始日期趋于偏早，平均每 10 年偏早 0.89～3.24 d，以林芝偏早最多($P<0.05$)，当雄次之，为−2.82 d/10a($P<0.05$)；其余各站土壤冻结开始日期均呈现推迟趋势，平均每 10 年推迟 1.02～7.05 d(7 个站 $P<0.05$)，其中聂拉木偏晚最多($P<0.05$)，拉萨次之，为 4.81 d/10a($P<0.01$)。

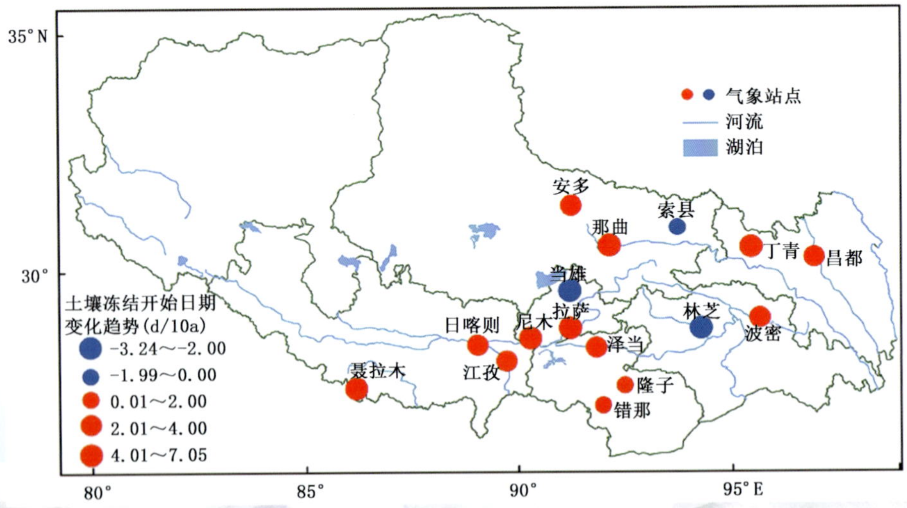

图 3.24　1971—2019 年西藏土壤冻结开始日期变化趋势空间分布

(2)土壤冻结终止日期

分析 1971—2019 年西藏 16 个气象站土壤冻结终止日期(土壤解冻日期)变化趋势,结果表明,各海拔高度上土壤解冻日期均呈提早趋势。其中,海拔 4 500 m 以上地区偏早最为明显(图 3.25(a)),平均每 10 年提早 7.03 d($P<0.001$),3 200~4 500 m 中等海拔地区每 10 年提早 5.89 d(图 3.25(b),$P<0.01$);海拔 3 200 m 以下地区平均每 10 年提早 2.95 d(图 3.25(c)),尤其近 29 年(1991—2019 年)海拔 3 200 m 以上地区土壤解冻日期明显偏早,平均每 10 年提早 7.90~8.44 d($P<0.001$)。

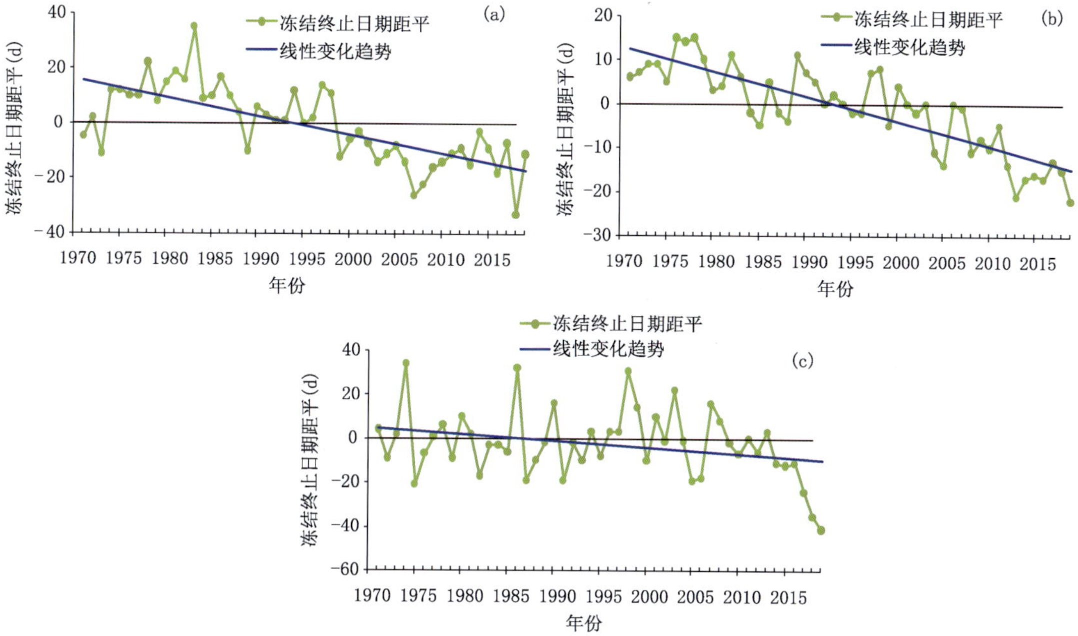

图 3.25　1971—2019 年西藏海拔 4 500 m 以上(a)、海拔 3 200~4 500 m(b)和海拔 3 200 m 以下(c)地区土壤冻结终止日期距平变化趋势

2019 年,4 500 m 以上高海拔地区土壤冻结终止平均日期为 5 月 20 日,较常年值偏早 11 d,为 1971 年以来与 2004 年、2011 年并列第十一个偏早年份;3 200~4 500 m 中等海拔地区土壤冻结终止平均日期为 3 月 17 日,较常年值偏早 22 d,继 2018 年后又创 1971 年以来最早年份;3 200 m 以下低海拔地区土壤冻结终止平均日期为 1 月 20 日,较常年值偏早 41 d,继 2018 年后又创 1971 年以来最早年份。

从 1971—2019 年西藏土壤冻结终止日期变化趋势空间分布来看(图 3.26),近 49 年(1971—2019 年)仅林芝站土壤解冻日期趋于偏晚,平均每 10 年分别偏晚 1.22 d;其余各站土壤解冻日期均呈现提早趋势,平均每 10 年提早 0.87~10.82 d(12 个站 $P<0.05$),其中安多偏早最多($P<0.001$),拉萨次之(−10.65 d/10a,$P<0.001$),当雄偏早最少。近 29 年(1991—2019 年)除错那站土壤解冻日期推迟外(1.58 d/10a),其他各站都表现为偏早的年际变化特征,为−2.38~−17.56 d/10a,以聂拉木土壤解冻日期偏早最明显($P<0.001$);其次是江孜,为−12.95 d/10a($P<0.001$)。

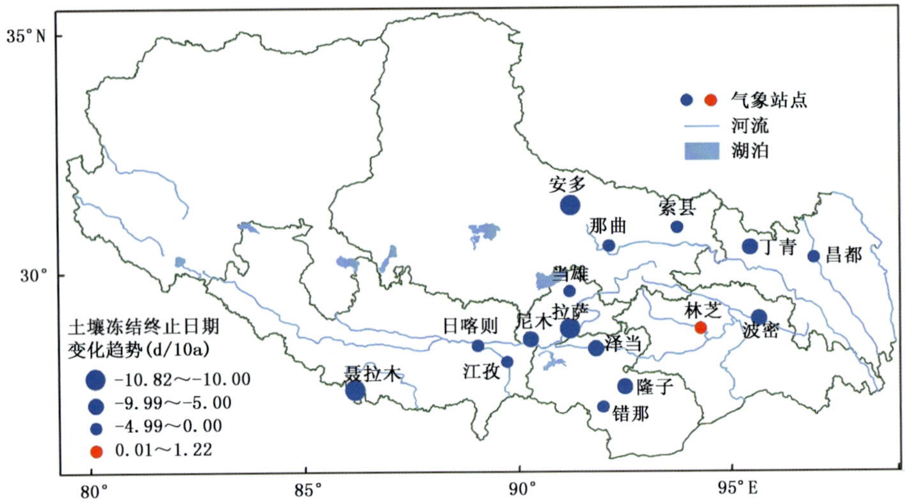

图 3.26　1971—2019 年西藏土壤冻结终止日期变化趋势空间分布

3.3.3　土壤冻结期

根据西藏 16 个气象观测站冻土监测记录表明，近 49 年(1971—2019 年)海拔 4 500 m 以上地区土壤冻结期缩短趋势最为明显，平均每 10 年缩短 10.17 d(图 3.27(a)，$P<0.001$)；3 200～4 500 m 中等海拔地区土壤冻结期平均每 10 年缩短 7.61 d(图 3.27(b)，$P<0.001$)；海拔 3 200 m 以下地区土壤冻结期呈不明显缩短趋势(2.43 d/10a，图 3.27(c))。近 29 年(1991—2019 年)各海拔地区土壤冻结期缩短趋势更明显，分别为－13.96 d/10a($P<0.001$)、－12.77 d/10a($P<0.001$)和－11.58 d/10a($P<0.05$)。

2019 年，4 500 m 以上高海拔地区平均土壤冻结期为 194 d，较常年值缩短 36 d，是 1971 年以来仅次于 2018 年第二个偏短年份；3 200～4 500 m 以上中等海拔地区平均土壤冻结期为 126 d，较常年值缩短 38 d，为 1971 年以来最短年份；3 200 m 以下低海拔地区平均土壤冻结期为 38 d，较常年值缩短 65 d，为 1971 年以来与 2018 年并列最短年份。

从 1971—2019 年西藏土壤冻结期变化趋势空间分布(图 3.28)来看，近 49 年(1971—2019 年)土壤冻结期只在林芝、当雄 2 个站呈延长趋势，平均每 10 年分别延长 4.95 d($P<0.10$)、2.71 d；其他各站均表现为缩短趋势，平均每 10 年缩短 0.11～17.19 d(12 个站 $P<0.05$)，其中聂拉木缩短最多($P<0.001$)，其次是拉萨，为－14.78 d/10a($P<0.001$)，索县缩短最少；特别是近 29 年(1991—2019 年)聂拉木站土壤冻结期缩短得更为明显，为－27.75 d/10a($P<0.01$)。

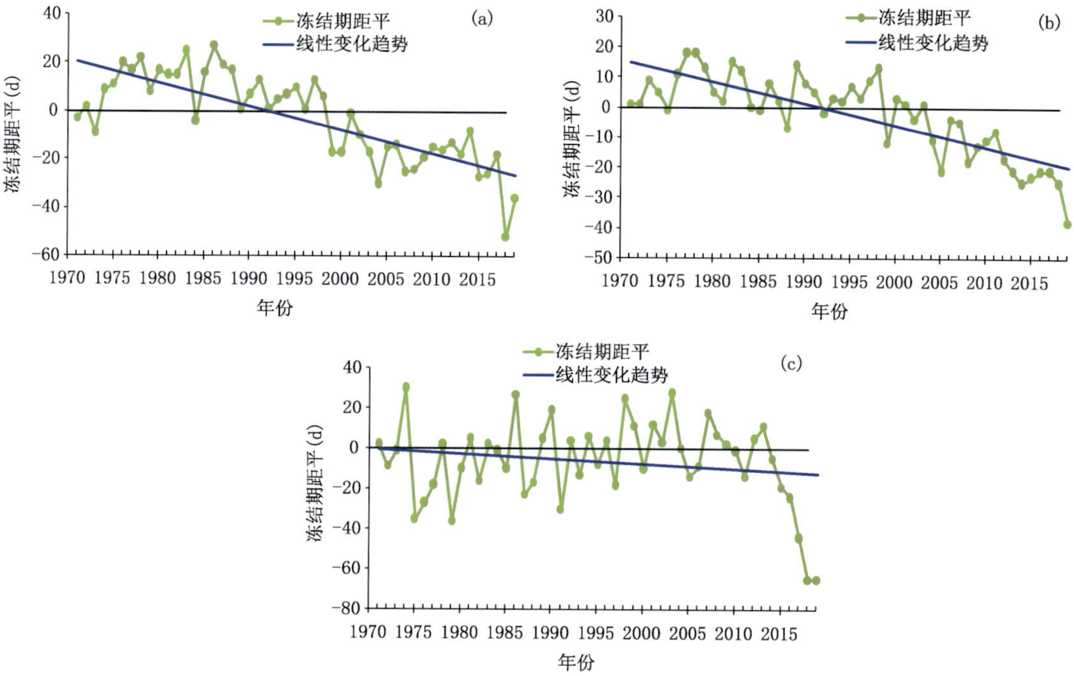

图 3.27 1971—2019 年西藏海拔 4 500 m 以上(a)、海拔 3 200～4 500 m(b)和海拔 3 200 m 以下(c)地区土壤冻结期距平变化趋势

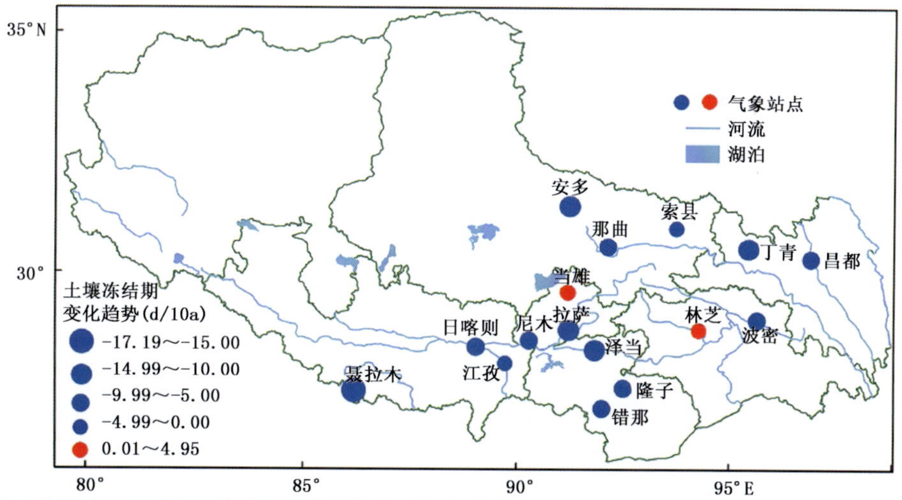

图 3.28 1971—2019 年西藏土壤冻结期变化趋势空间分布

第4章 西藏自治区陆面生态的变化

气候变化对陆地生态系统的影响及其反馈是当前全球变化研究的重要内容，青藏高原是全球气候变化的敏感区和启动区（姚檀栋 等，2000），气候变化的微小波动都会对高原陆地生态系统产生强烈响应（Klein et al.，2004）。本章从西藏自治区地表温度、湖泊面积、陆地植被，以及区域生态气候的监测出发，揭示了诸多生态建设的结果，为西藏高原生态文明建设提供科技支撑。总体来看，1961—2019年西藏大部分湖泊面积呈扩张趋势，生态系统趋好是环境变化的主要特征。

4.1 地表温度

根据监测显示，近39年（1981—2019年）西藏年平均地表温度呈显著上升趋势，升幅为0.47 ℃/10a。2019年，西藏年平均地表温度为9.5 ℃，较常年值偏高0.7 ℃，是1981年以来第十一个高值年份。与常年同期相比南木林、八宿偏低0.9～2.2 ℃。沿江一线大部、南部边缘地区大部、昌都市大部、那曲市大部、狮泉河偏高0.5～1.8 ℃，其中帕里、比如偏高1.5 ℃以上，其余各地正常（图4.1）。

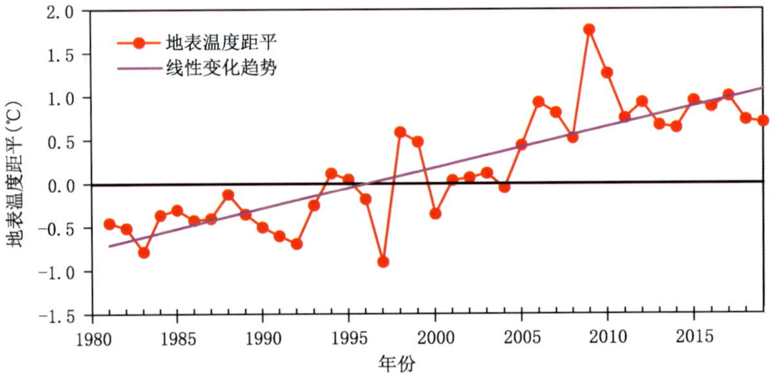

图4.1 1981—2019年西藏年平均地表温度距平变化趋势

从1981—2019年西藏各站年平均地表温度变化趋势空间分布来看（图4.2），南木林呈下降趋势，为−0.09 ℃/10 a，林芝无变化；其他各站均呈一致的升高趋势，平均每10年升高0.04～0.95 ℃（34个站 $P<0.05$，其中30个站 $P<0.001$），以狮泉河最大（0.95 ℃/10 a，$P<0.001$），其次是班戈（0.81 ℃/10 a，$P<0.001$）。全区有32%的站点升温率大于0.60 ℃/10 a，主要分布在阿里地区、那曲市大部、昌都市西北部、拉萨、错那和隆子等地。

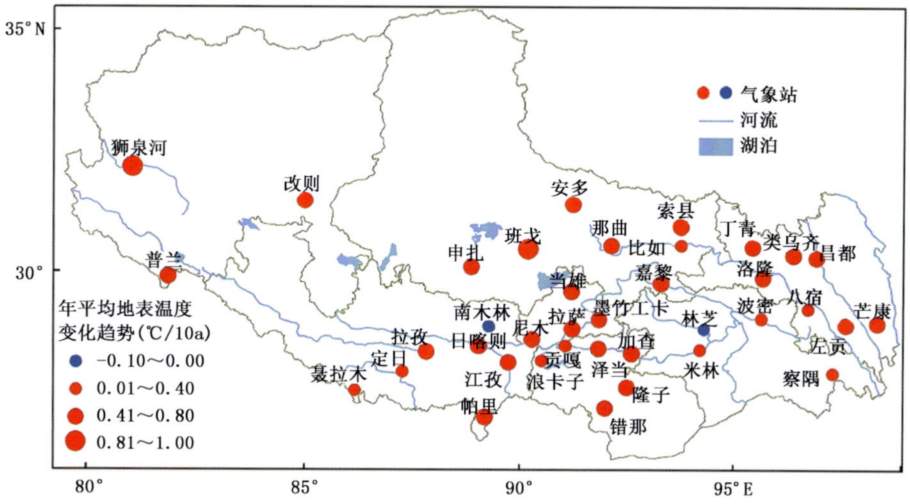

图 4.2 1981—2019 年西藏年平均地表温度变化趋势空间分布

4.2 湖泊

青藏高原是地球上海拔最高、数量最多、面积最大的高原湖群区，也是我国湖泊分布密度最大，且与东部平原湖区遥相呼应的两大稠密湖群区之一。从空间分布来看，拥有面积 1 km^2 以上湖泊数量最多和最大的是青藏高原湖区，湖泊数量为 1 055 个，面积为 41 831.7 km^2，分别占全国湖泊总数量和总面积的 39.2%和 51.4%(马荣华 等,2011)。青藏高原上有青海湖、纳木错、色林错、扎日南木错、当惹雍错、羊卓雍错、鄂陵湖、扎陵湖、昂拉仁错以及班公错等著名大湖。近半个世纪以来，伴随着全球气候变暖及其影响下的冰川消融、冻土退化，青藏高原地区的湖泊因补给条件差异而分别表现出扩张、萎缩、稳定三种状态，整体上以扩张趋势为主，其中 1991—2010 年是湖泊扩张最显著的时期(董斯扬 等,2014)。

4.2.1 色林错

色林错(31°34′～31°57′N,88°33′～89°21′E)，又名奇林湖，地处西藏自治区申扎、班戈和尼玛三县交界处，位于冈底斯山北麓，申扎县以北，曾是西藏第二大咸水湖，湖面海拔 4 530 m。2010 年湖泊面积 2 349.46 km^2(闫立娟 等,2016)，较《中国湖泊志》(王苏民 等,1998)记载的湖泊面积(1 628.0 km^2)扩张了 721.46 km^2，扩张率为 44.3%。

通过对 1972—2019 年多源卫星遥感资料分析，结果发现近 48 年色林错湖面面积呈显著扩张趋势(图 4.3)，平均每年增加 21.39 km^2。1972—1996 年呈略微扩张的趋势，扩张率为 5.97%；1996—2019 年面积呈显著扩张趋势，扩张率为 39.35%。

2019 年，色林错湖面面积为 2 413.10 km^2，较为 1972 年(1 634.03 km^2)扩张 779.07 km^2，扩张率为 47.68%；较 2018 年扩张 8.14 km^2，扩张率为 0.34%。

从 1972—2019 年西藏色林错湖面空间变化来看(图 4.4)，色林错变化较明显的区域位于湖的北部、东南部和西部。此外，2004 年影像资料显示，色林错和雅根错开始相连，2005 年色林错和雅根错已连成一片。

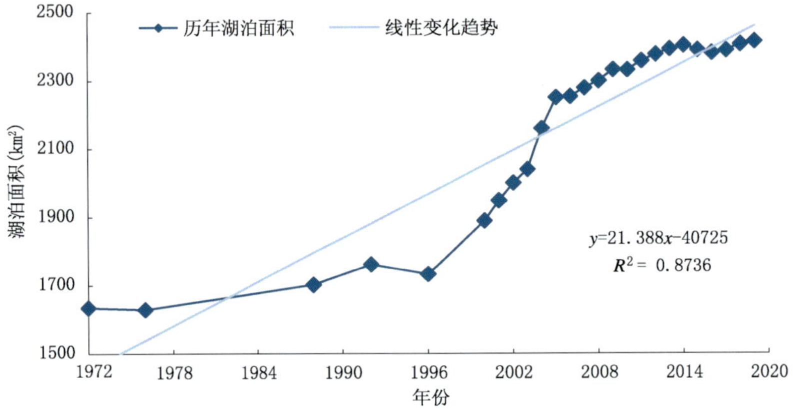

图 4.3　1972—2019 年西藏色林错湖面面积变化趋势

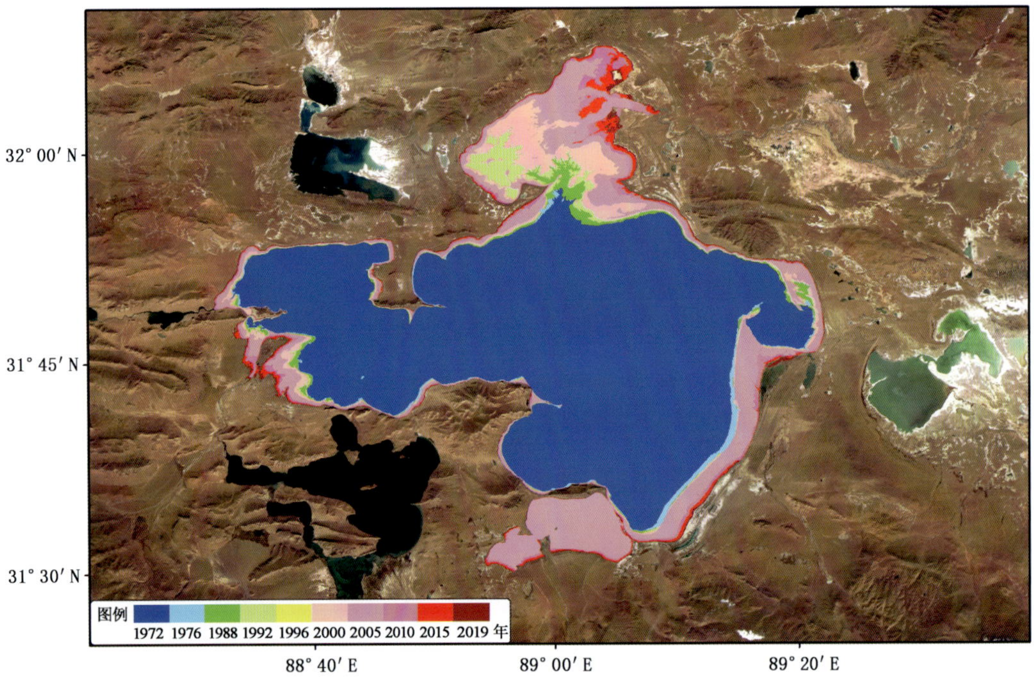

图 4.4　1972—2019 年西藏色林错湖面空间变化

4.2.2　纳木错

纳木错(30°30′～30°55′N,90°16′～91°03′E),位于藏北东南部,念青唐古拉山北麓,西藏自治区当雄县和班戈县境内。它曾是西藏第一大咸水湖,是我国第二大咸水湖,也是世界海拔最高的咸水湖,湖面海拔 4 718 m。2009 年湖泊面积为 2 028.78 km²(闫立娟 等,2016),较《中国湖泊志》(王苏民 等,1998)记载的湖泊面积(1 961.5 km²)扩张了 67.28 km²,扩张率为 3.43%。

根据多源卫星遥感监测显示,1987—2019 年纳木错湖面总体呈扩张趋势(图 4.5),面积增加 54.70 km²，平均每年增加 1.99 km²。其中，2010 年纳木错湖面面积是 33 年来最大值，为 2 036.00 km²，1987 年纳木错湖面面积是 33 年来最小值，为 1 960.81 km²。

2019 年，纳木错湖面面积 2 015.51 km²，较 1987 年扩张 54.7 km²，扩张率为 2.79%；较 2018 年(2 010.49 km²)扩张 5.02 km²，扩张率为 0.25%。

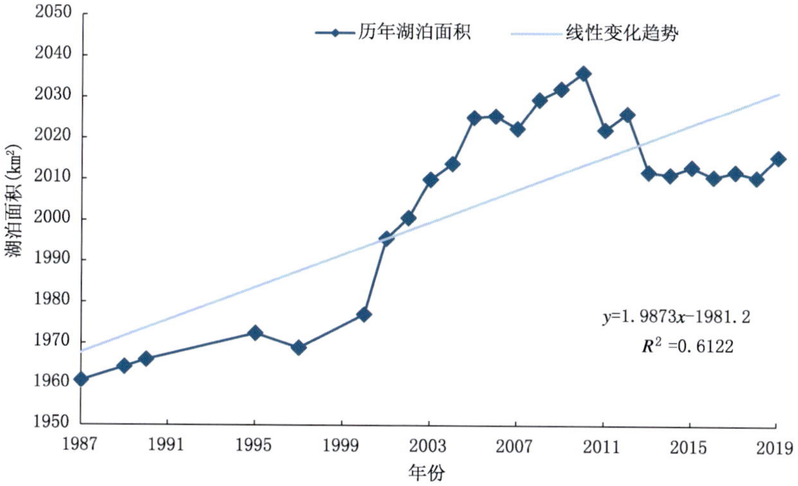

图 4.5 1987—2019 年西藏纳木错湖面面积变化趋势

从 1987—2019 年西藏纳木错湖面空间变化来看(图 4.6)，纳木错变化较明显的区域主要位于该湖的西部、东部。2010 年纳木错湖面面积为 33 年来最大值，与 1987 年相比，西部、东部湖岸线扩张变化最明显，北部、东南部也较为明显。

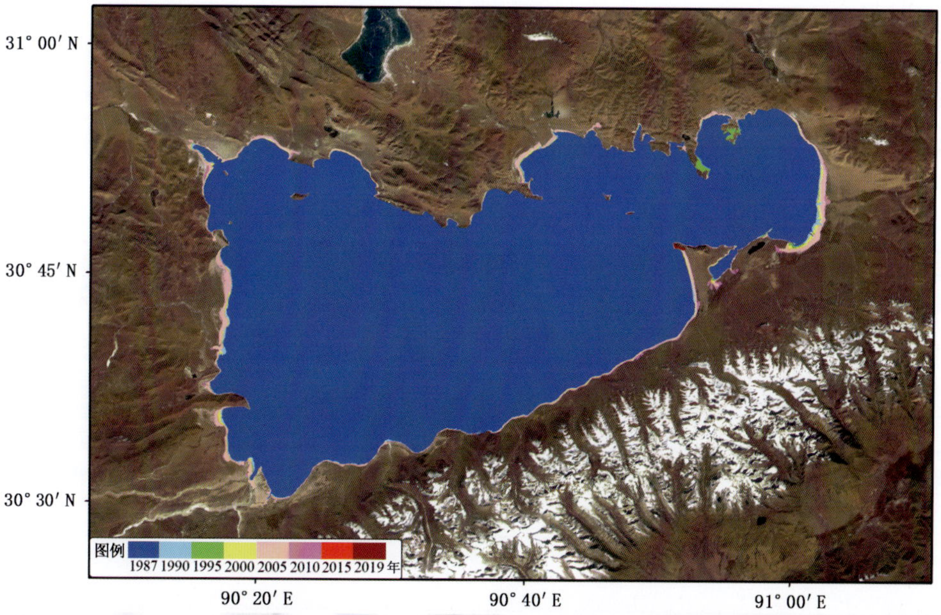

图 4.6 1987—2019 年西藏纳木错湖面空间变化

4.2.3 扎日南木错

扎日南木错(30°44′～31°05′N,85°20′～85°54′E),是西藏第三大湖,位于阿里地区措勤县东北部,湖面海拔 4 613 m。2009 年湖泊面积为 1 006.83 km^2(闫立娟 等,2016),较《中国湖泊志》(王苏民 等,1998)记载的湖泊面积(996.9 km^2)扩张了 9.93 km^2,扩张率为 1.00%。德吉央宗等(2014)分析发现,1975—2011 年扎日南木错湖面面积总体呈增加趋势,平均每年增加 1.75 km^2。普布次仁等(2018)分析发现,2002—2017 年扎日南木错湖泊水域面积整体呈波动上升趋势,从空间分布来看,扎日南木错的西部和北部湖面扩张得比较明显。

根据多源卫星遥感监测显示,1988—2019 年扎日南木错面积总体呈扩张趋势(图 4.7),平均每年扩张 1.94 km^2。1988—2008 年呈先萎缩后扩张的趋势,其中 1996 年降至最低,为 949.37 km^2;2016—2019 年面积扩张较快,平均每年扩张 16.63 km^2。

2019 年,扎日南木错湖面面积(1 044.03 km^2)为近 32 年最大值,较 1988 年(986.771 km^2)扩张 57.26 km^2,扩张率为 5.80%;较 2018 年(1 037.75 km^2)扩张 6.28 km^2,扩张率为 0.61%。

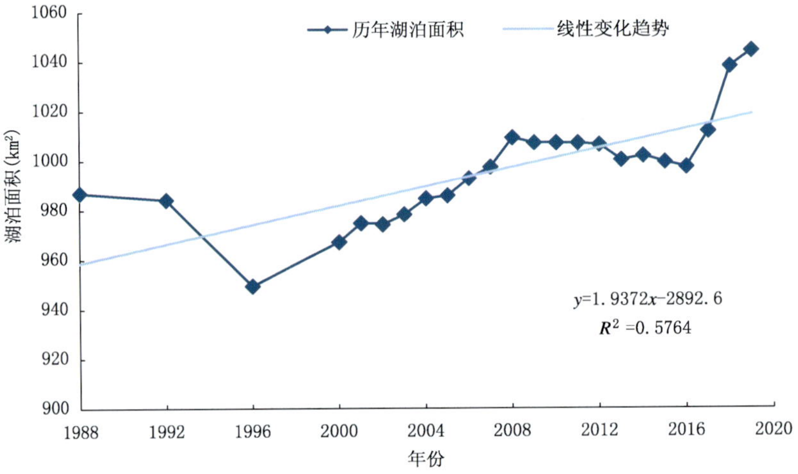

图 4.7 1988—2019 年西藏扎日南木错湖面面积变化趋势

从 1988—2019 年西藏扎日南木错湖面空间变化分析来看(图 4.8),扎日南木错湖面先萎缩后扩张,其中西部和西北部湖岸线分别向西、向西北扩张最为明显,尤其是西北角措勤藏布河口附近。随着湖水向湖岸线的扩张,湖泊周边有两个小湖泊与扎日南木错主体湖泊相连,并且形成类似湖心岛的小型陆地。

4.2.4 当惹雍错

当惹雍错(30°45′～31°22′N,86°23′～86°49′E),又名唐古拉攸木错,位于冈底斯山北坡凹陷盆地北部的东段,属西藏自治区尼玛县,湖面海拔 4 528 m。第四纪时期,历史时期当惹雍错北面与当穹错、南边与许如错相连,长可达 190 km。由于气候变干,湖水退缩,当穹错、许如错与当惹雍错分离,遂成独立湖泊。王君波等(2010)实测当惹雍错最大水深为 214.48 m,是青藏高原上已知最深的湖泊,也是我国境内已知的第一深水湖。2009 年当惹雍错湖泊面积为 841.83 km^2(闫立娟 等,2016),较《中国湖泊志》(王苏民 等,1998)记载的湖泊面积(835.30 km^2)

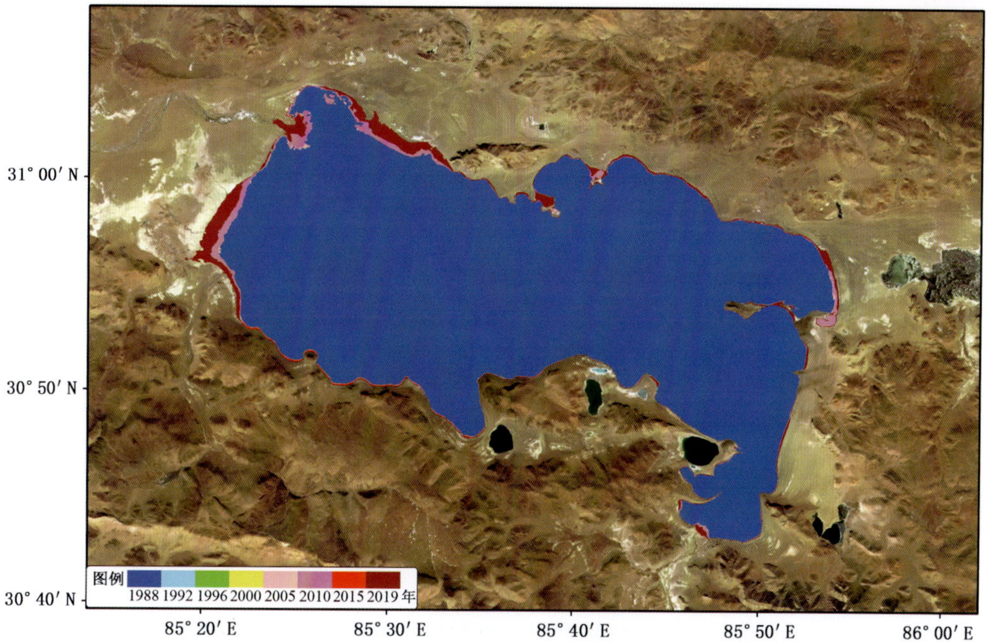

图 4.8　1988—2019 年西藏扎日南木错湖面空间变化

扩张了 6.53 km²,扩张率为 0.78%。拉巴卓玛等(2018)分析得到 1977—2014 年当惹雍错平均湖面面积为 835.75 km²,最大湖面面积为 856.01 km²,出现在 2014 年;最小湖面面积为 822.91 km²,出现在 1990 年。

根据多源卫星遥感监测显示,1988—2019 年当惹雍错湖泊面积整体呈扩张趋势(图 4.9),平均每年扩张 1.20 km²。其中,在 1996 年以后湖泊面积基本处于扩张趋势,1996—2019 年湖面面积扩张了 35.54 km²,扩张率为 4.29%。

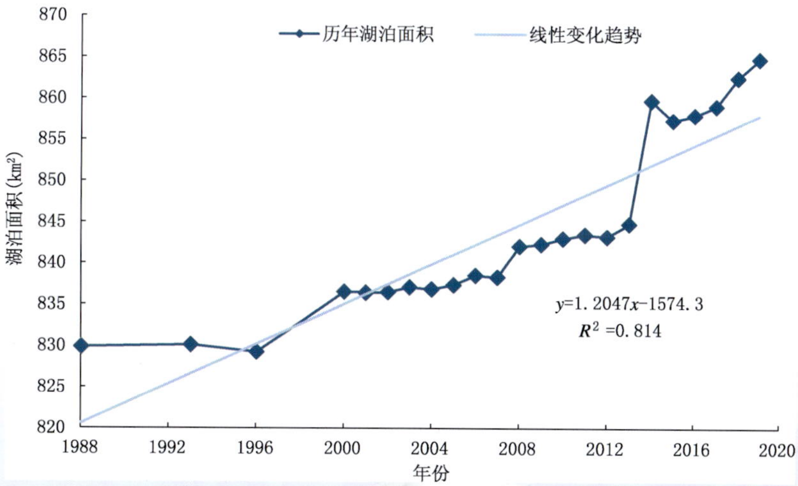

图 4.9　1988—2019 年西藏当惹雍错湖面面积变化趋势

2019 年，当惹雍错湖面面积（864.79 km^2）为近 32 年最大值，较 1988 年（829.87km^2）扩张 34.92 km^2，扩张率为 4.21%；较 2018 年（862.52 km^2）扩张 2.27 km^2，扩张率为 0.26%；继 2018 年以来又创新高。

从 1988—2019 年西藏当惹雍错湖面空间变化分析来看（图 4.10），当惹雍错湖面 2015 年较 1988 年存在明显变化的区域位于湖的西南部和东南部，均向外侧扩张。其中，2015 年西南面的小湖面积明显扩大，并与当惹雍错相连起来。

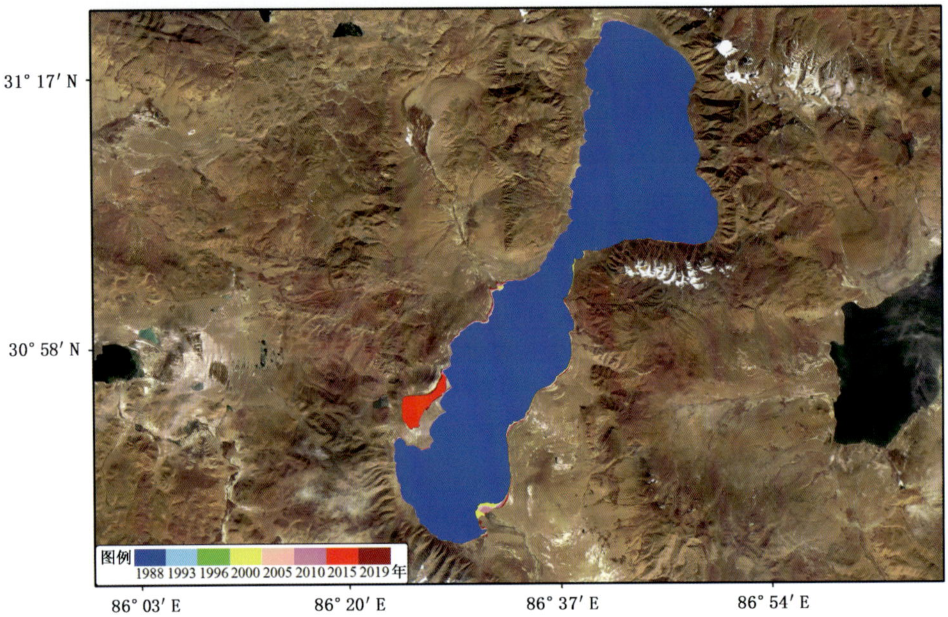

图 4.10　1988—2019 年西藏当惹雍错湖面空间变化

4.2.5　玛旁雍错

玛旁雍错（30°34′～30°47′N，81°22′～81°27′E），位于西藏阿里地区普兰县境内，西与拉昂错相邻，岗仁波齐峰之南。湖面海拔 4 586 m。2010 年湖泊面积为 415.92 km^2（闫立娟 等，2016），较《中国湖泊志》（王苏民 等，1998）记载的湖泊面积（412.0 km^2）扩张了 3.92 km^2，扩张率为 0.95%。白玛央宗等（2020）分析发现，1972—2018 年玛旁雍错湖泊面积总体呈减少趋势，1972 年湖泊面积为 415.4 km^2，2018 年湖泊面积为 408.3 km^2，46 年间共减少了 7.1 km^2，年变化量为 0.2%。

利用多源卫星遥感资料分析发现，1972—2019 年玛旁雍错湖面面积总体呈现略有萎缩的趋势（图 4.11），平均每年萎缩仅 0.02 km^2。1972—1977 年湖泊面积处于较稳定状态；1977—2000 年呈先萎缩后扩张趋势，其中，1994 年面积降至最低，为 409.19 km^2；2000 年以后湖泊面积出现波动式变化。

2019 年，玛旁雍错湖面面积为 414.62 km^2，较 1972 年（414.15 km^2）略微扩张了 0.47 km^2，扩张率为 0.11%；较 2018 年（414.23 km^2）扩张 0.39 km^2，扩张率为 0.09%。

从 1972—2019 年西藏玛旁雍错湖面空间变化分析来看（图 4.12），玛旁雍错东北部湖岸线略有萎缩，但不明显。

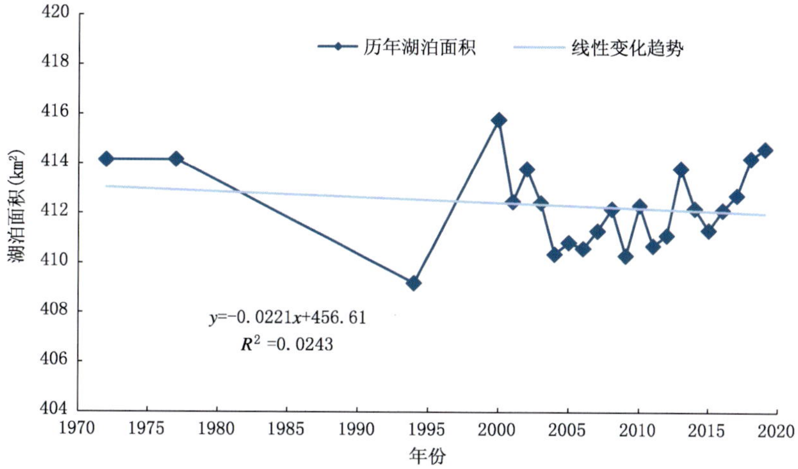

图 4.11 1972—2019 年西藏玛旁雍错湖面面积变化趋势

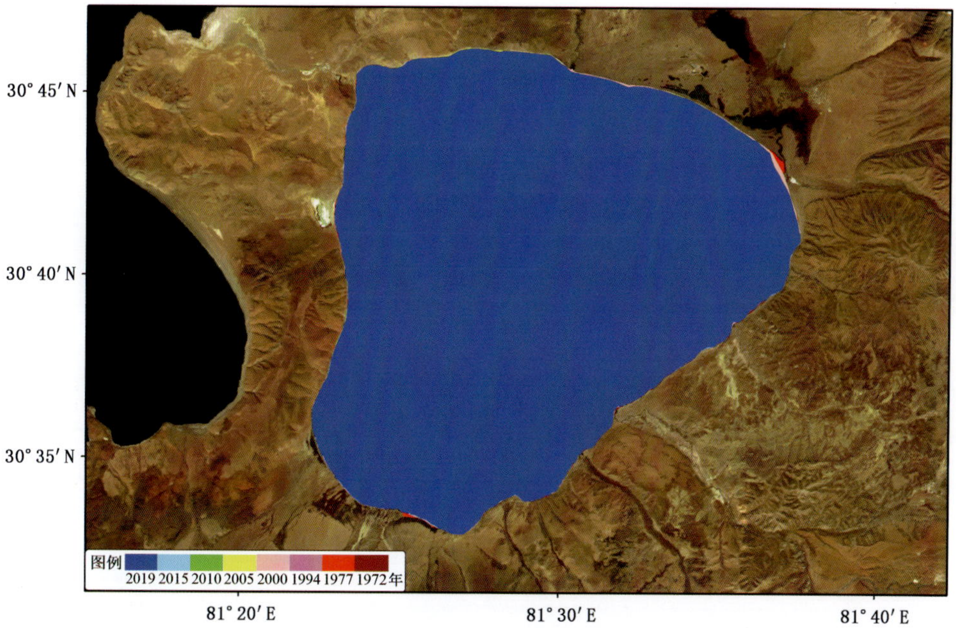

图 4.12 1972—2019 年西藏玛旁雍错湖面空间变化

4.2.6 拉昂错

拉昂错(30°40′～30°51′N,81°06′～81°19′E),又名蓝嘎错。位于西藏自治区普兰县境内,第四纪时期与东部的玛旁雍错同属一个大湖体,后因气候逐渐干旱,古湖泊萎缩,分离肢解成现状。滨湖东、西、南部环山,北部为湖泊、河积平原,地势开阔;沿湖有古湖岸砂堤分布,高出湖面 25.0 m。近似汤勺形,湖面海拔 4 572.0 m,长 29.0 km,最大宽 17.0 km,平均宽 9.26 km,湖泊面积为 268.50 km^2(王苏民 等,1998)。2010 年拉昂错湖泊面积为 262.59 km^2(闫立娟 等,2016),较《中国湖泊志》记载的湖泊面积萎缩了 5.91 km^2,萎缩率为 2.20%。

根据多源卫星遥感资料分析发现，1972—2019 年拉昂错湖面面积变化总体呈萎缩趋势（图 4.13），平均每年萎缩 0.40 km²。1972—2000 年湖泊面积处于较稳定状态，2000 年以后湖泊出现波动式变化，2013—2019 年湖泊面积又处于较稳定状态。

2019 年，拉昂错湖面面积为 253.72 km²，较 1972 年（268.48 km²）萎缩 14.76 km²，萎缩率为 5.50%；较 2018 年（254.28 km²）萎缩 0.56 km²，萎缩率为 0.22%。

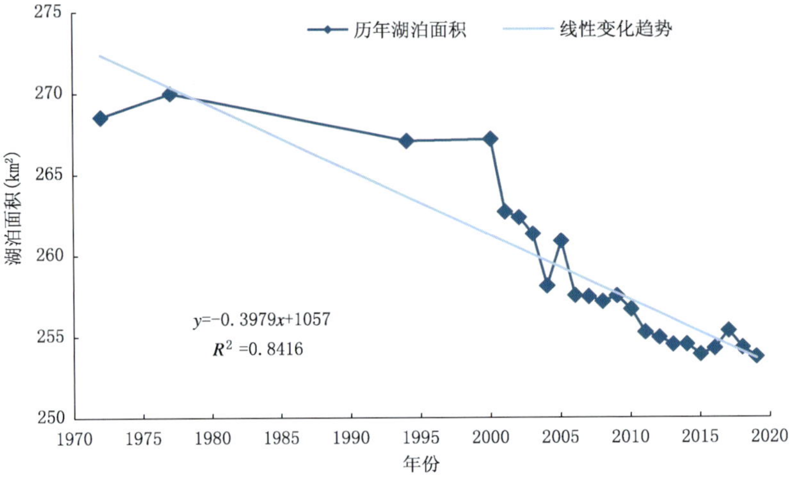

图 4.13　1972—2019 年西藏拉昂错湖面面积变化趋势

从 1972—2019 年西藏拉昂错湖面空间变化分析来看（图 4.14），拉昂错变化较明显的区域位于湖的北部，北部湖岸线均向南萎缩。同样，2019 年与 1977 年相比，也是北部湖岸线向南萎缩，湖的西部、东部萎缩也较为明显。

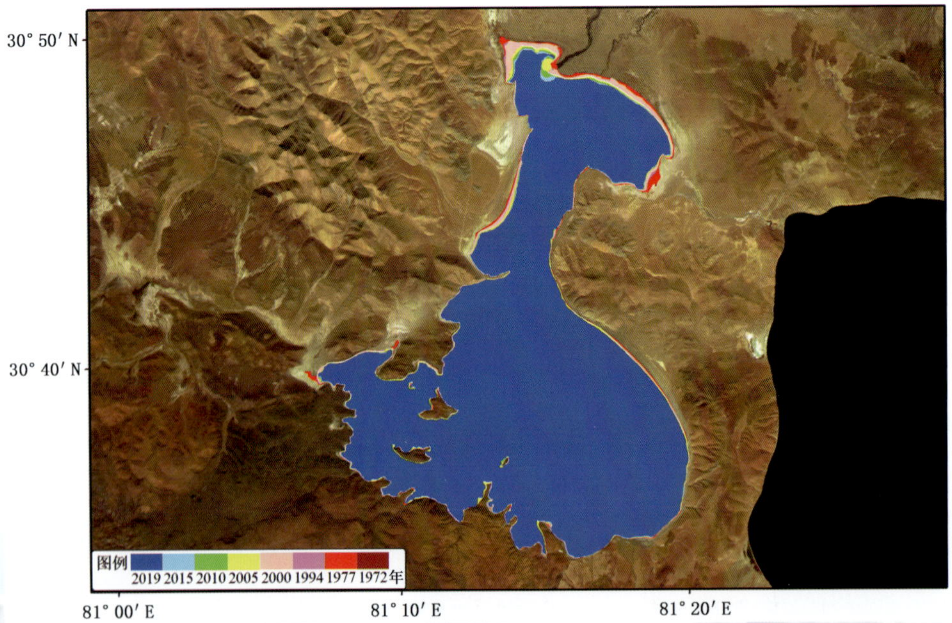

图 4.14　1972—2019 年西藏拉昂错湖面空间变化

4.2.7 佩枯错

佩枯错(28°46′～29°02′N,85°30′～ 85°42′E),又名拉错新错,位于西藏自治区日喀则市吉隆县和聂拉木县的交界处。它是藏南又一较大的内陆湖泊,也是日喀则市最大的湖泊,湖面海拔 4 580 m。2009 年湖泊面积为 271.01 km²(闫立娟 等,2016),较《中国湖泊志》(王苏民 等,1998)记载的湖泊面积(284.4 km²)萎缩了 13.39 km²,萎缩率为 4.71%。

根据多源卫星遥感资料分析发现,1988—2019 年佩枯错湖面面积变化总体呈萎缩趋势(图 4.15),平均每年萎缩 0.25 km²。其中,2000—2019 年呈波动萎缩的趋势,萎缩率为 2.58%。

2019 年,佩枯错湖面面积 270.86 km²,较 1988 年(274.81 km²)萎缩 3.95 km²,萎缩率为 1.44%;较 2018 年(268.68 km²)扩张 2.18 km²,扩张率为 0.81%。

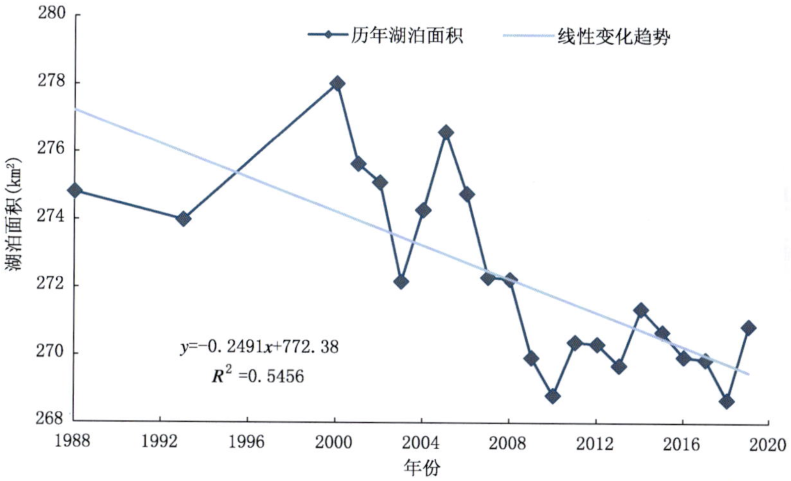

图 4.15 1988—2019 年西藏佩枯错湖面面积变化趋势

从 1988—2019 年西藏佩枯错湖面空间变化分析来看(图 4.16),佩枯错湖面变化较明显的区域位于湖的西南部和北部。

4.2.8 桑旺错

桑旺错(28°12′～28°15′N,90°06′～90°05′E),位于西藏日喀则市康马县喜马拉雅山脉中段北麓,是年楚河上游的一个冰湖,也是年楚河的源头。桑旺错为冰川终碛湖,系冰川后退在终碛垄后缘与冰舌的前缘之间冰川融水积累而成湖,湖面海拔 5 126 m。桑旺错面积增大趋势较微弱,变化率为 0.054 km²/10a,1987—2018 年面积增加了 0.31 km²,面积增长幅度为 5.56%(李林 等,2019)。

根据 1987—2019 年遥感数据分析,桑旺错面积总体呈扩张趋势(图 4.17),33 年来面积增加 0.31 km²,面积变化率为 0.076 km²/10a。其中 1987—1995 年呈先增加后减少的趋势,1995 年面积最小,为 5.36 km²;1995—2019 年呈波动增加的趋势,其中 2015 年面积最大,达到 5.92 km²。

2019 年,桑旺错湖面面积为 5.88 km²,较 1987 年(5.57 km²)扩张 0.31 km²,扩张率为

5.57%；较1995年(5.36 km^2)萎缩0.52 km^2，萎缩率为9.7%；较2018年扩张0.09 km^2，扩张率为1.55%。

从1987—2019年西藏桑旺错湖面空间变化分析来看(图4.18)，桑旺错变化较明显的区域主要集中在湖的南部和东南部。

图4.16　1988—2019年西藏佩枯错湖面空间变化

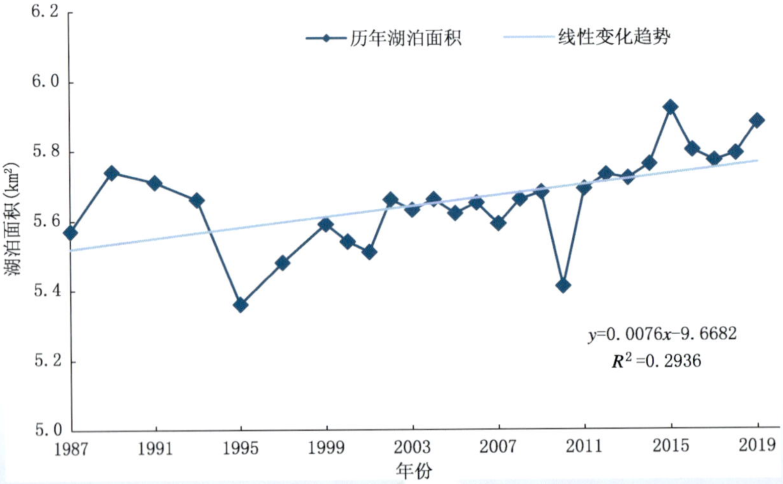

图4.17　1987—2019年西藏桑旺错湖面面积变化趋势

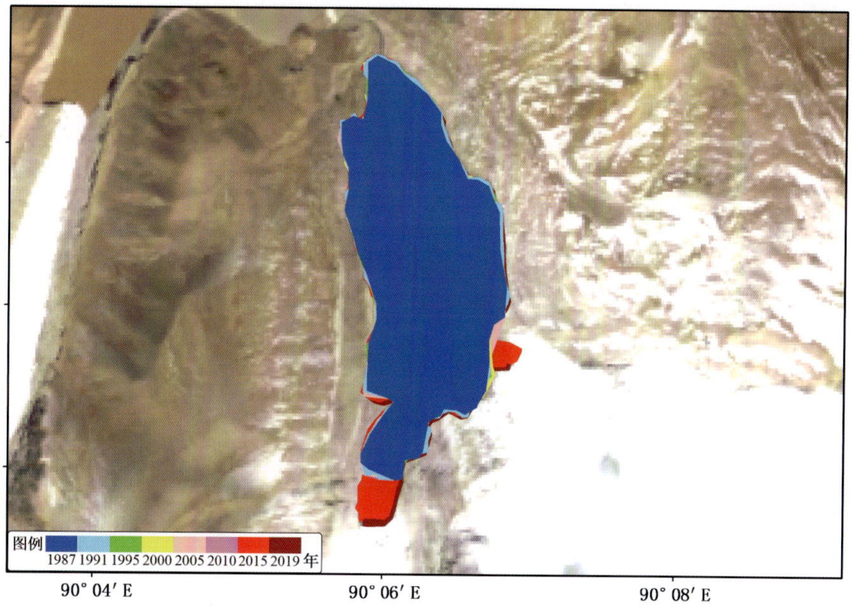

图 4.18 1987—2019 年西藏桑旺错湖面空间变化

4.2.9 塔若错

塔若错(31°03′～31°13′ N,83°55′～84°20′ E),位于西藏自治区日喀则市仲巴县,冈底斯山脉北麓山间盆地内,湖面海拔 4 566 m,长 38.1 km,最大宽 17.2 km,平均宽 12.77 km,面积 486.6 km²。湖水主要依靠冰雪融水径流补给,有布多藏布等 19 条入湖河流,属藏北内陆湖,碳酸盐亚型淡水湖。2009 年湖泊面积为 488.83 km²(闫立娟 等,2016),较 1998 年《中国湖泊志》(王苏民 等)记载的湖泊面积(486.6 km²)扩张了 2.23 km²,扩张率为 0.46%。

通过对 1975—2019 年多源卫星遥感资料分析,结果发现近 45 年塔若错湖面面积总体表现为扩张趋势(图 4.19),平均每年扩张 0.16 km²。其中,2000—2019 年扩张 14.51 km²,扩张率为 3.04%。

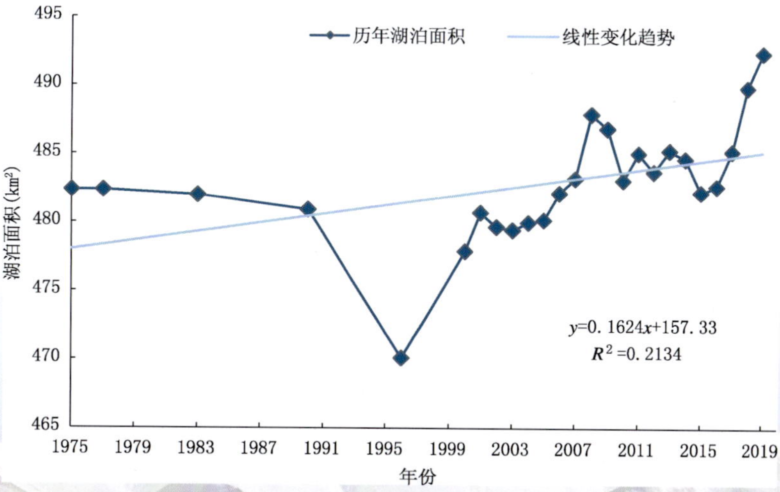

图 4.19 1975—2019 年西藏塔若错湖面面积变化趋势

2019年，塔若错湖面面积为492.41 km²，较1975年(482.37 km²)扩张10.04 km²，扩张率为2.08%；较2018年扩张2.55 km²，扩张率为0.52%。

从1975—2019年西藏塔若错湖面空间变化分析来看(图4.20)，湖水面积扩张的区域在东部和西南部。

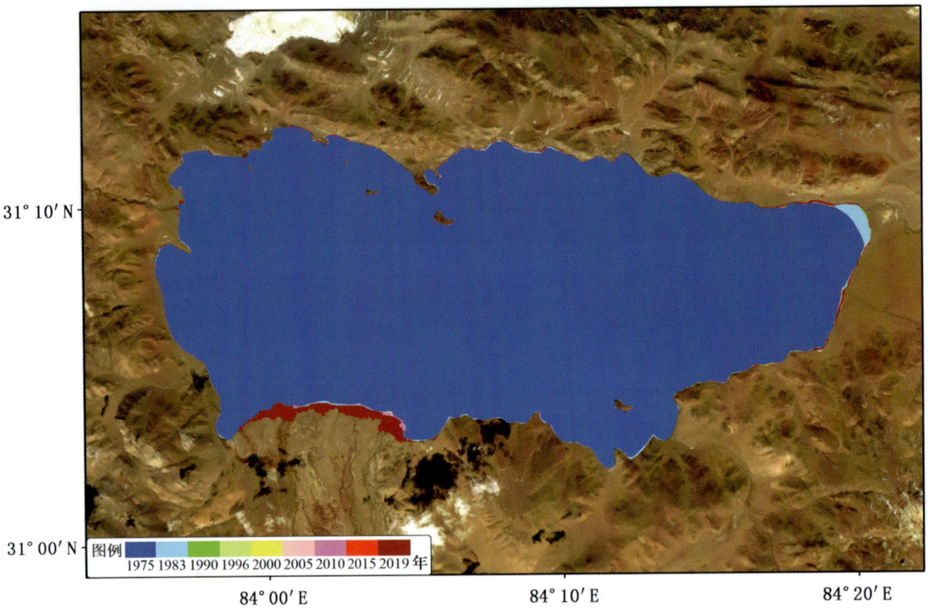

图4.20　1975—2019年西藏塔若错湖面空间变化

4.2.10　羊卓雍错

羊卓雍错(28°16′～29°11′ N，90°21′～91°05′ E)，简称羊湖，与纳木错、玛旁雍错并称西藏三大圣湖，是喜马拉雅山北麓最大的内陆湖，位于西藏自治区浪卡子县，距拉萨市西南100 km，流域面积6 100 km²，湖面海拔4 440 m，湖水储量约为160×10⁸ m³，湖泊水深一般在30～40 m，最深达59 m，东西长130 km，南北宽70 km。湖水pH值为9.2～9.3，矿化度1.62～1.89 g/L，属硫酸盐类微咸湖。2009年湖泊面积为583.23 km²(闫立娟 等，2016)，较《中国湖泊志》(王苏民 等，1998)记载的湖泊面积(638.0 km²)萎缩了54.77 km²，萎缩率为8.58%。

根据多源卫星遥感监测显示，1972—2019年羊卓雍错面积总体呈萎缩趋势(图4.21)，平均每年萎缩1.82 km²。1972—2009年呈先减少后增加的趋势，其中1993年降至最低，为578.65 km²；2000年开始又扩张，2004年开始又萎缩直至2009年，2010年以后湖泊面积变化趋于稳定。

2019年，羊卓雍错湖面面积546.79 km²，较1972年(622.79 km²)萎缩76.00 km²，萎缩率为12.20%；较2018年(546.72 km²)萎缩0.07 km²，萎缩率为0.01%。

从1972—2019年西藏羊卓雍错湖面空间变化分析来看(图4.22)，羊卓雍错在近48年里湖面整体变化趋势为四周湖岸线均向湖中央萎缩，其中主体湖泊的西北、西南和东部湖岸线萎缩最明显。

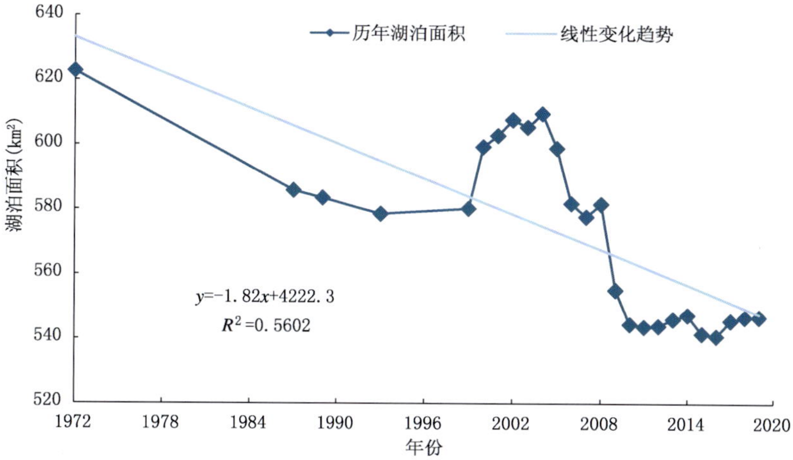

图 4.21 1972—2019 年西藏羊卓雍错湖面面积变化趋势

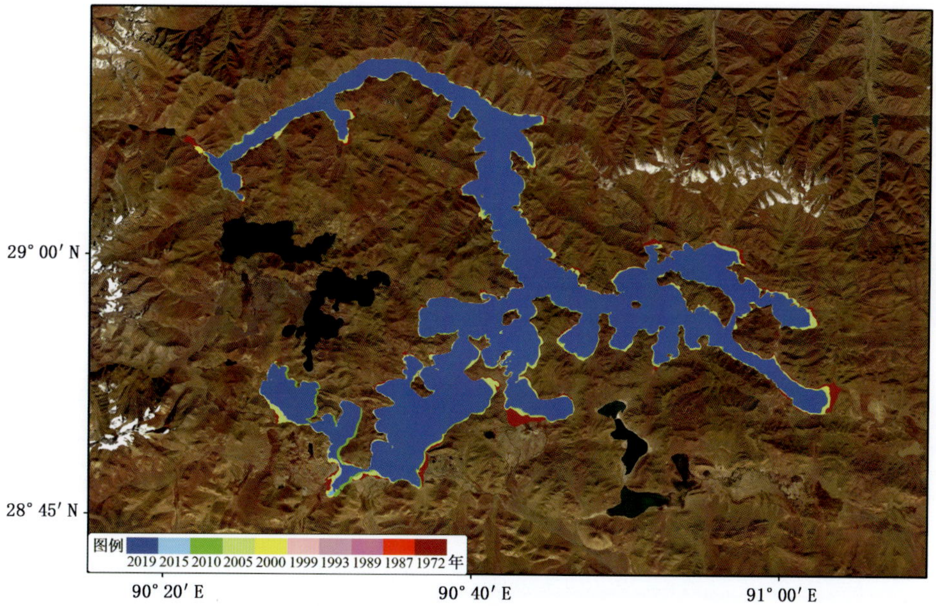

图 4.22 1972—2019 年西藏羊卓雍错湖面空间变化

4.2.11 普莫雍错

普莫雍错(28°30′～28°38′ N,90°13′～90°33′ E),位于西藏自治区浪卡子县境内,羊卓雍错的南面,喜马拉雅山北坡—山间盆地内。藏文意为姑娘湖,湖面海拔 5 010 m,长 32.5 km,最大宽 14.0 km,平均宽 8.93 km,面积 290.0 km²。湖岸线长 94.0 km,发育系数 1.56。湖水主要由降水和冰川融水补给,较大的入湖河流 6 条,其中西岸入湖的加曲最大,冰雪融水径流丰富。湖水性质为淡水湖。2009 年湖泊面积为 292.02 km²(闫立娟 等,2016),较《中国湖泊志》(王苏民 等,1998)记载的湖泊面积(290.0 km²)扩张了 2.02 km²,扩张率为 0.70%。

通过1972—2019年多源卫星遥感资料分析发现，48年来普莫雍错湖面面积总体呈现扩张趋势（图4.23），平均每年增加0.18 km^2。1972—2002年湖面面积增加9.78 km^2，2002—2015年减少4.41 km^2，2015—2017年增加2.52 km^2，2017—2019年湖面出现减少—增加的趋势。监测时段中，2002年湖面面积达最高值，为293.05 km^2。

2019年，普莫雍错湖面面积为290.87 km^2，较1972年（283.27 km^2）扩张7.60 km^2，扩张率为2.68%；较2018年（289.89 km^2）扩张0.98 km^2，扩张率为0.34%。

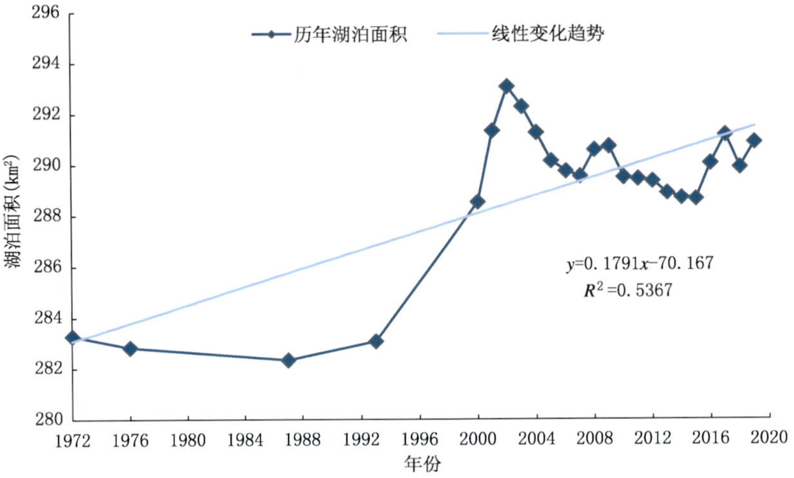

图4.23　1972—2019年西藏普莫雍错湖面面积变化趋势

从1972—2019年西藏普莫雍错湖面空间变化分析来看（图4.24），2019年较2000年位于西部湖岸线显著扩张，较2018年略向外扩张。

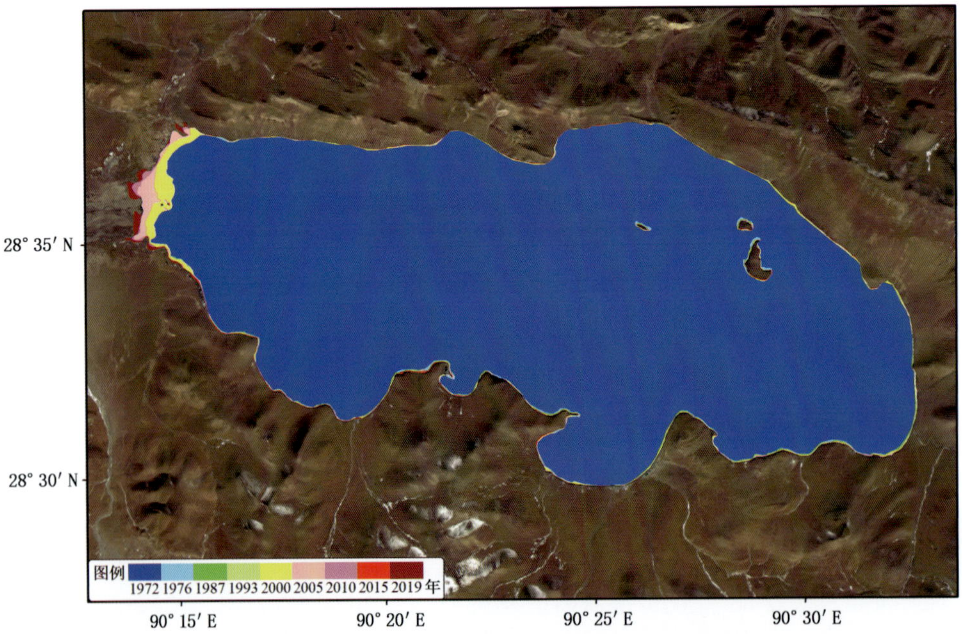

图4.24　1972—2019年西藏普莫雍错湖面空间变化

4.2.12 多庆错

多庆错(27°58′～28°36′N，89°14′～89°29′E)，又名多情错。位于西藏自治区日喀则市东南部，亚东县和康马县交界处，喜马拉雅山北坡—山间盆地内。湖面海拔 4 466 m，面积 60.0 km²。湖水主要依靠麻曲和琼桂藏布两河补给，两河分别长 42.0 km 和 26.0 km，源于喜马拉雅山；出流向北穿过山谷泄入嘎拉盆地。湖水 pH 值 7.7，属硫酸钠亚型内陆微咸水湖(王苏民 等，1998)。是典型的喜马拉雅山北麓—藏南沼泽和沼泽化草甸湿地。

通过对 1975—2019 年多源卫星遥感资料分析，结果发现近 45 年多庆错湖面面积总体表现为萎缩趋势(图 4.25)，平均每年减少 1.11 km²。2000 年面积达到 86.28 km²，为近 45 年最大值；2000—2005 年萎缩 37.37 km²，萎缩率达 43.31%；2005—2014 年面积呈现略微扩张趋势；2015—2019 年湖面面积再次萎缩，2018 年面积达到最低值，为 44.64 km²。

2019 年多庆错湖面面积为 47.25 km²，较 1975 年(79.92 km²)萎缩 32.67 km²，萎缩率为 40.88%；较 2018 年扩张 2.61 km²，扩张率为 5.80%。

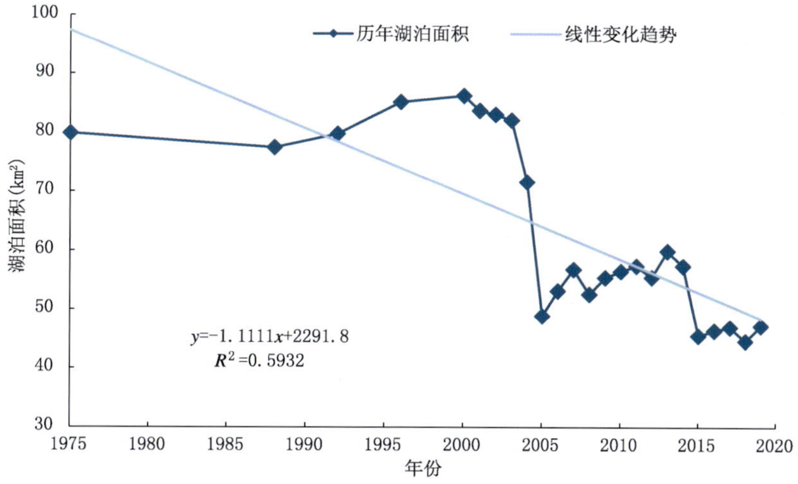

图 4.25 1975—2019 年西藏多庆错湖面面积变化趋势

从 1975—2019 年西藏多庆错湖面空间变化分析来看(图 4.26)，湖水面积退化最严重的区域在东南部，另外在西北部区域也有不同程度的退化。

4.3 植被

气候变暖导致北半球大部分地区植被发生显著变化，中高纬度植被活动显著增强，高纬度、高寒地区植被返青期提前，生长季长度延长的现象尤为明显(Zhou et al.，2001；De et al.，2011；Lei et al.，2014)。20 世纪 90 年代植被增长趋势较 80 年代显著，从 21 世纪初开始，北半球部分地区 NDVI 增长速率有所减缓(Piao et al.，2011)。Peng 等(2012)认为，1982—2003 年青藏高原除森林退化严重(50%)外，其他植被类型 NDVI 呈增长趋势，植被生长状况以变好为主。于伯华等(2009)分析得出，1981—2006 年 NDVI 下降显著的区域主要分布在高原南部，其次为三江源中南部，而藏北高原、西部柴达木盆地 NDVI 较为稳定。拉巴等(2019)分析

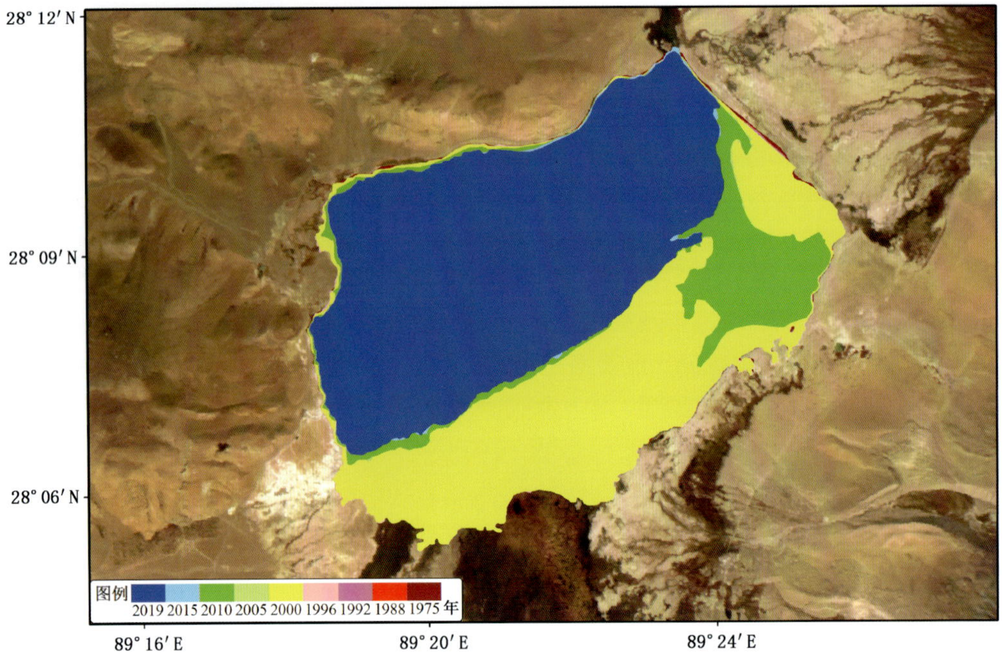

图 4.26　1975—2019 年西藏多庆错湖面空间变化

认为，2000—2018 年那曲市植被 NDVI 总体呈不显著减少趋势，稳定状态的植被所占比重为 64.50%，退化区面积略大于改善区面积 4.21%。

4.3.1　植被覆盖状况

从 2010 年、2018 年和 2019 年卫星遥感最大合成年西藏平均 NDVI 不同等级植被覆盖变化分析来看(图 4.27)，2019 年相对 2010 年、2018 年，各等级植被覆盖度均呈增加的态势。其中，2010 年 20%～40%和 2018 年 60%～80%植被覆盖度增加最为显著，分别为 4.03 万 km^2 和 4.04 万 km^2。

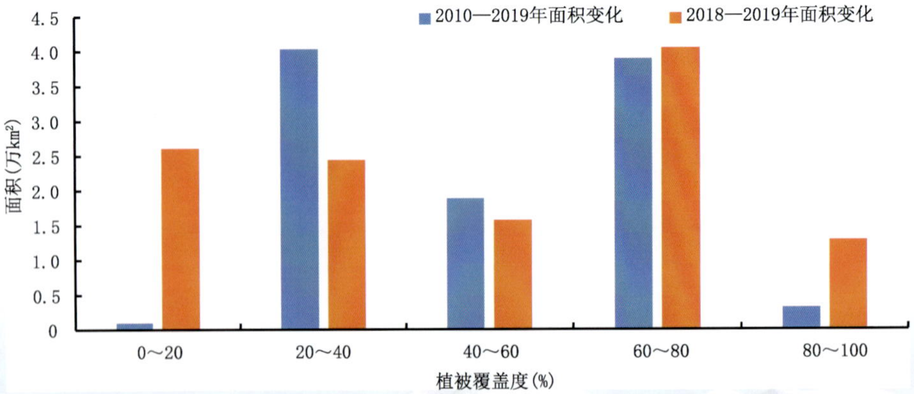

图 4.27　2010 年、2018 年和 2019 年西藏最大合成 NDVI 植被覆盖变化

4.3.2　植被时空变化

从西藏全区最大合成年平均 NDVI 变化趋势（图 4.28）来看，近 20 年（2000—2019 年）全区 NDVI 值总体上呈不显著退化趋势，退化率为 1.73%。NDVI 平均值为 0.350，2017 年达到最大，为 0.361，较平均值偏高 0.011；最小值出现在 2015 年，为 0.335，较平均值偏低 0.015。

由图 4.29 可以看出，西藏近 20 年（2000—2019 年）植被变化以稳定为主导，占自治区总面积的 60.14%。其中，显著退化区域主要集中在高原中部的拉萨市、那曲市中部区域，日喀则市中东部、山南市北部，林芝市和昌都市的局部区域；植被轻微退化区域与显著退化区域交错分布；植被稳定区域主要分布在藏北地区的阿里大部和那曲市中北部，以及林芝市和山南市南部；植被轻微改善区域主要分布在阿里西部、那曲市北部、日喀则市西南部和昌都市中部；植被显著改善区域出现在那曲市南部、山南市东北部、拉萨市东部和日喀则市东南部，以及昌都市南部。

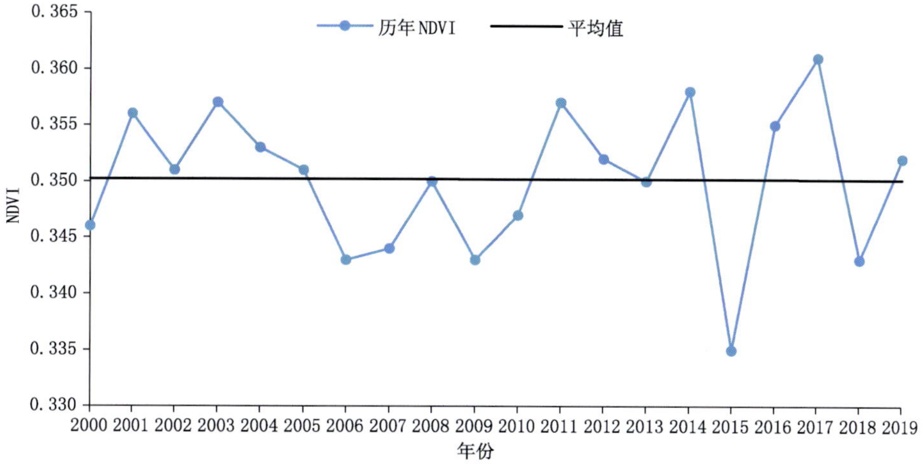

图 4.28　2000—2019 年西藏最大合成平均 NDVI 变化趋势

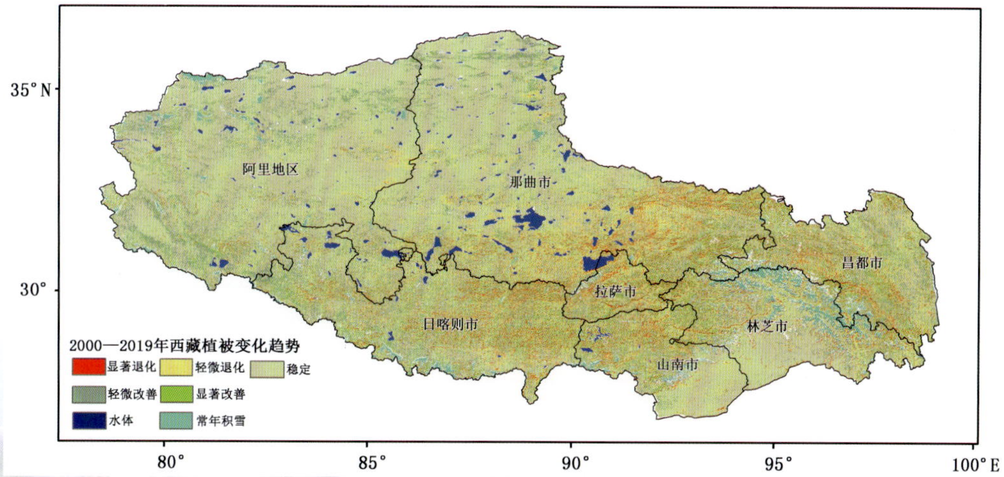

图 4.29　2000—2019 年西藏植被变化分布

4.3.3 植被生物量

从卫星遥感最大合成年平均反演资料分析来看(图 4.30 和图 4.31),2019 年西藏草地地上(含干草)生物量最高值为 4646.0 kg/hm²,平均值为 1043.9 kg/hm²;鲜草生物量最高值为 5128.0 kg/hm²,平均值为 906.3 kg/hm²。2019 年西藏草地地上(含干草)生物量与鲜草生物量较差区域主要集中在那曲市北部、阿里大部和日喀则市部分区域,其余地区较好。

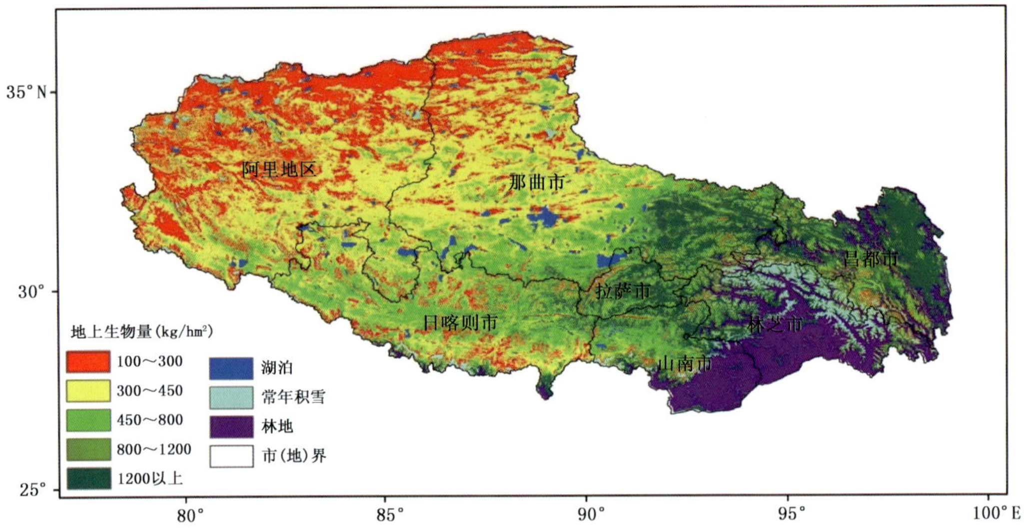

图 4.30 2019 年西藏草地地上(含干草)生物量分布

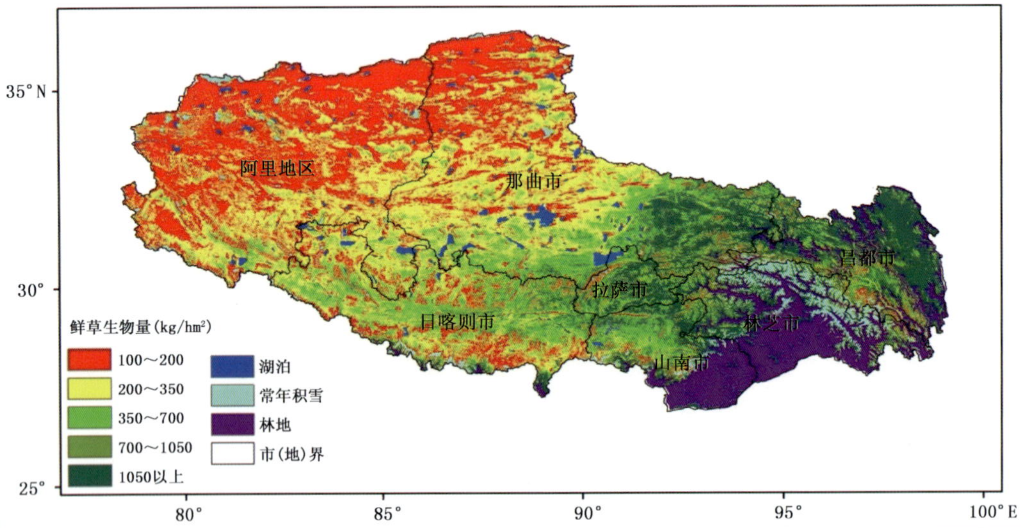

图 4.31 2019 年西藏草地鲜草生物量分布

从 2000—2019 年西藏最大合成年平均生物量变化趋势来看(图 4.32),生物量总体保持稳定状态。20 年全区平均地上(含干草)生物量为 1011.8 kg/hm²,鲜草生物量为 869.5 kg/hm²。其中，2017 年达到最大值，地上（含干草）生物量为 1055.2 kg/hm²、鲜草生物量为 916.5 kg/hm²，较 20 年平均值分别偏高 43.4 kg/hm² 和 47.0 kg/hm²；2015 年为最小值，地上（含干草）生物量为 972.6 kg/hm²、鲜草生物量为 830.3 kg/hm²，较平均值均偏低 39.2 kg/hm²。

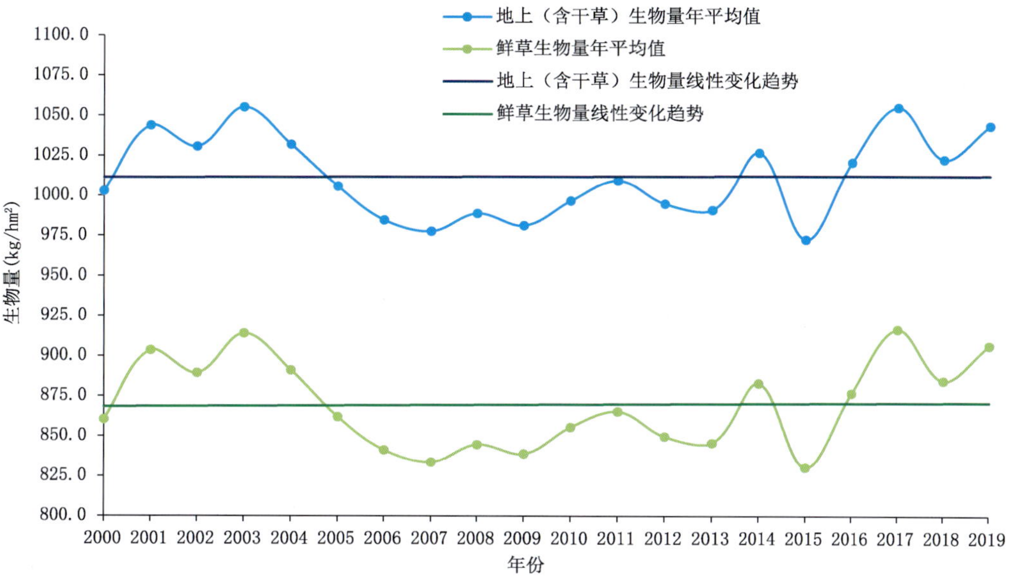

图 4.32　2000—2019 年西藏最大合成年平均生物量变化趋势

4.4　区域生态气候

气候生产潜力是指充分和合理利用当地的光、热、水气候资源，而其他条件（如土壤、养分、二氧化碳等）处于最适状况时单位面积土地上可能获得的最高生物学产量，可根据生物量与气候因子的统计相关关系建立的数学模型计算得到，如 Thornthwaite Memorial、AEZ、Miami、筑后模型等模型。Miami 模型是 Lieth 根据世界各地植物产量与年平均温度、年降水量之间的关系得到的，能够反映自然状态下水热单因子对潜在生产力的影响，Thornthwaite Memorial 模型是 Lieth 和美国学者 Box 在迈阿密模型的基础上考虑了与植物产量密切相关的蒸散量而提出的。由于这两个模型相对简单，需要的参数少，而被比较广泛地应用于大范围气候生产潜力变化格局研究中。赵雪雁等（2016）利用此模型计算分析得出 1965—2013 年青藏高原牧草气候生产潜力总体增加趋势，在空间上表现为由西北向东南依次增加的态势，青海省北部及南部部分地区气候生产潜力上升幅度较大，而西藏东部上升幅度较小，且南、北部地区差异较大。杜军等（2008）认为，近 45 年（1971—2015 年）西藏阿里地区西南部、聂拉木、江孜植被气候生产潜力为减少趋势，以普兰减幅最大；其他各地呈不同程度的增加趋势，增幅为 26.8～459.8(kg/hm²)/10a。

本公报采用 Thornthwaite Memorial 模型，计算了西藏植被气候生产潜力，结果表明，近 59 年（1961—2019 年）西藏植被气候生产潜力呈显著增加趋势（图 4.33），平均每 10 年增加 127.34 kg/hm²（$P<0.001$）；尤其近 39 年（1981—2019 年）气候生产潜力增加得更明显，增幅达 219.06(kg/hm²)/10a（$P<0.01$）。

2019 年，西藏植被气候生产潜力为 7217.39 kg/hm²，较常年值偏高 403.79 kg/hm²，为

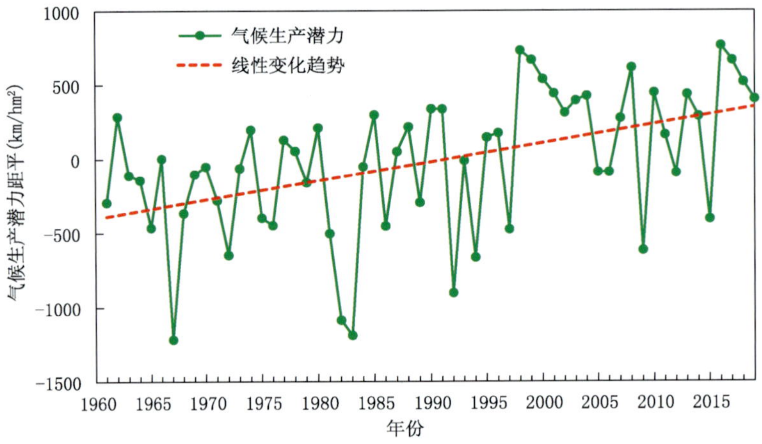

图 4.33 1961—2019 年西藏植被气候生产潜力距平变化趋势

1961 年以来第十二个高值年份。

1961—2019 年藏东南森林和藏北草地年气候生产潜力均呈明显增加趋势(图 4.34),平均每 10 年分别增加 123.47 kg/hm²($P<0.01$)和 182.83 kg/hm²($P<0.001$)。

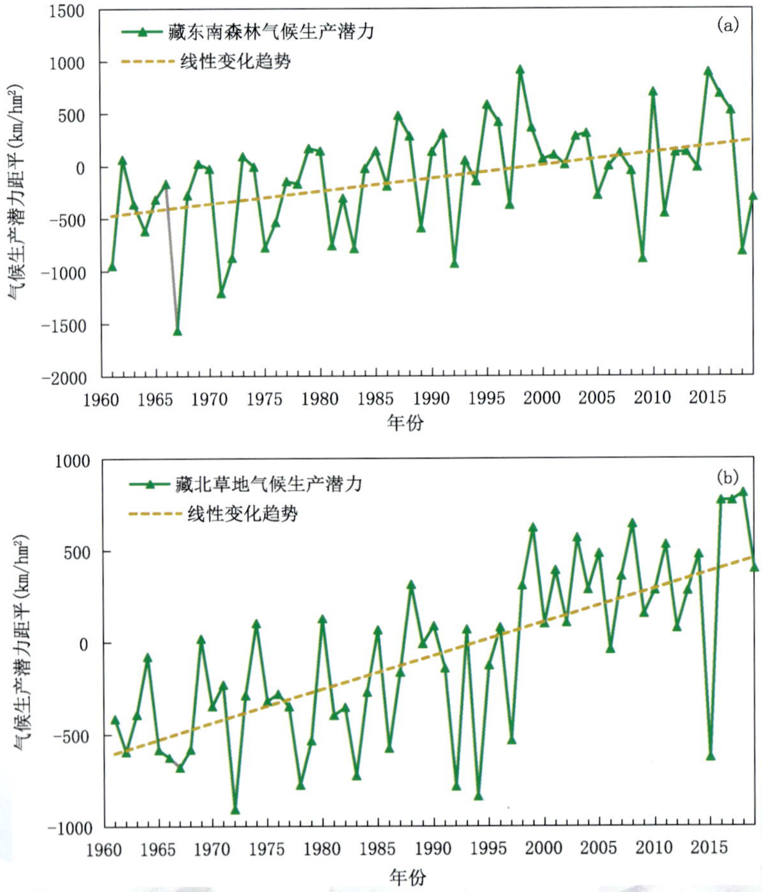

图 4.34 1961—2019 年藏东南森林(a)和藏北草地(b)年气候生产潜力变化趋势

2019 年，藏东南森林年气候生产潜力为 10 109.41 kg/hm²，较常年值偏低 295.68 kg/hm²，为 1961 年以来第十九个偏低年份；藏北草地年气候生产潜力达 6570.44 kg/hm²，较常年值偏高 400.28 kg/hm²，为 1961 年以来第十个高值年份。

根据 1961—2019 年西藏年植被气候生产潜力变化趋势空间分布来看(图 4.35)，各站均呈增加趋势，增幅为 25.31～247.53(kg/hm²)/10a(12 个站 $P<0.01$)，其中那曲增幅最大($P<0.001$)，班戈次之(240.04(kg/hm²)/10a，$P<0.001$)，江孜增幅最小。近 29 年来(1991—2019 年)泽当、隆子和波密 3 个站年植被气候生产潜力趋于减小，为－11.99～－94.53(kg/hm²)/10a，减幅以泽当最大、波密最小。其他各站年植被气候生产潜力均呈增加趋势，增幅为 3.37～377.66(kg/hm²)/10a，以狮泉河最大($P<0.01$)，索县次之，增幅为 363.95($P<0.001$)，林芝最小；那曲市、狮泉河、班戈、申扎、拉萨、嘉黎和浪卡子增幅在 250.0(kg/hm²)/10a 以上。

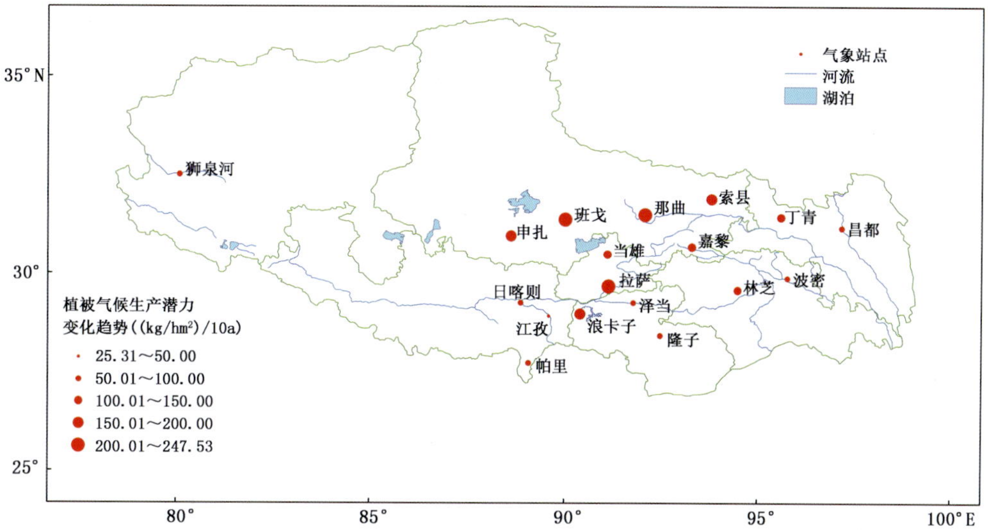

图 4.35　1961—2019 年西藏年植被气候生产潜力变化趋势空间分布

参考文献

白玛央宗，普布次仁，戴睿，等，2020. 1972—2018 年西藏玛旁雍错和拉昂错湖泊面积变化趋势分析[J]. 高原科学研究，4(02)：19-26.

白淑英，史建桥，高吉喜，等，2014. 1979—2010 年青藏高原积雪深度时空变化遥感分析[J]. 地球信息科学学报，16(4)：628-636.

车涛，郝晓华，戴礼云，等，2019. 青藏高原积雪变化及其影响[J]. 中国科学院院刊[J]. 2019，(11)1247-1253.

陈锋，康世昌，张拥军，等，2009. 纳木错流域冰川和湖泊变化对气候变化的响应[J]. 山地学报，27(6)：641-647.

陈万宝，刘时银，李维德，等，2017. 基于冰川动力学的古里雅冰帽稳定态建模分析[J]. 科学通报，62(33)：3910-3920.

程国栋，金会军，2013. 青藏高原多年冻土区地下水及其变化[J]. 水文地质工程地质，40(1)：1-11.

除多，2018. 2000—2014 年西藏高原积雪覆盖时空变化[J]. 高原山地气象研究，36(1)：27-36.

除多，杨勇，罗布坚参，等，2015. 1981—2010 年青藏高原积雪日数时空变化特征分析[J]. 冰川冻土，37(6)：1461-1472.

德吉央宗，拉巴，拉巴卓玛，等，2014. 基于多源卫星数据扎日南木错湖面变化和气象成因分析[J]. 湖泊科学，26(6)：963-970.

董斯扬，薛娴，尤全刚，等，2014. 近 40 年青藏高原湖泊面积变化遥感分析[J]. 湖泊科学，26(4)：535-544.

杜军，胡军，张勇，等，2008. 西藏植被净初级生产力对气候变化的响应[J]. 南京气象学院学报，31(5)：738-743.

高荣，韦志刚，董文杰，2003. 青藏高原土壤冻结始日和终日的年际变化[J]. 冰川冻土，25(1)：49-54.

康尔泗，1996. 高亚洲冰冻圈能量平衡特征和物质平衡变化计算研究[J]. 冰川冻土，18(增刊)：12-22.

拉巴，格桑卓玛，拉巴卓玛，等，2016. 1992—2014 年普若岗日冰川和流域湖泊面积变化及原因分析[J]. 干旱区地理，39(4)：770-776.

拉巴，拉珍，拉巴卓玛，等，2019. 2000—2018 年那曲市植被 NDVI 变化及气候变化响应[J]. 山地学报，37(04)：499-507.

拉巴卓玛，德吉央宗，拉巴，等，2018. 近 40a 西藏那曲当惹雍错湖泊面积变化遥感分析[J]. 湖泊科学，29(2)：480-489.

李栋梁，王春学，2011. 积雪分布及其对中国气候影响的研究进展[J]. 大气科学学报，34(5)：627-636.

李林，边巴次仁，赵炜，等，2019. 西藏喜马拉雅山脉中段冰湖变化与溃决特征分析：以桑旺错和什磨错为例[J]. 冰川冻土，41(5)：1-10.

刘晓尘，效存德，2011. 1974—2010 年雅鲁藏布江源头杰玛央宗冰川及冰湖变化初步研究[J]. 冰川冻土，33(3)：488-496.

马丽娟，秦大河，2012. 1957—2009 年中国台站观测的关键积雪参数时空变化特征[J]. 冰川冻土，34(1)：1-11.

马荣华，杨桂山，段洪涛，等，2011. 中国湖泊的数量、面积与空间分布[J]. 中国科学：地球科学，41(3)：394-401.

米德生，谢自楚，冯清华，等，2002. 中国冰川编目 XI——恒河水系[M]. 西安：西安地图出版社.

蒲健辰，姚檀栋，王宁练，等，2004. 近百年来青藏高原冰川的进退变化[J]. 冰川冻土，26(5)：517-522.

普布次仁，白玛央宗，洛桑曲珍，等，2018. 2002—2017 年扎日南木措湖面面积变化分析[J]. 高原山地气象研究,38(04):69-72.

施雅风,刘时银,2000.中国冰川对21世纪全球变暖响应的预估[J].科学通报,45:434-438.

施雅风,刘时银,上官冬辉,等,2006.近30a青藏高原气候与冰川变化中的两种特殊现象[J].气候变化研究进展,2(4):154-160.

王君波,彭萍,马庆峰,等,2010.西藏当惹雍错和扎日南木错现代湖泊基本特征[J].湖泊科学,22(4):629-632.

王苏民,窦鸿身,1998.中国湖泊志[M].北京:科学出版社.

王叶堂,何勇,侯书贵,2007.2000—2005年青藏高原积雪时空变化分析[J].冰川冻土,29(6):855-861.

韦志刚,黄荣辉,陈文,等,2002.青藏高原地面站积雪的空间分布和年代际变化特征[J].大气科学,26(4):496-507.

徐丽娇,李栋梁,胡泽勇,2010.青藏高原积雪日数与高原季风的关系[J].高原气象,29(5):1093-1101.

闫立娟,郑绵平,魏乐军,2016.近40年来青藏高原湖泊变迁及其对气候变化的响应[J].地学前缘,23(4):311-323.

杨威,姚檀栋,徐柏青,等,2008.青藏高原东南部岗日嘎布地区冰川严重损耗与退缩[J].科学通报,53(17):2091-2095.

姚檀栋,焦克勤,章新平,等,1992.古里雅冰帽冰川学研究[J].冰川冻土,14(3):233-241.

姚檀栋,刘时银,蒲健辰,2004.高亚洲冰川的近期退缩及其对西北水资源的影响[J].中国科学,34(6):535-543.

姚檀栋,刘晓东,王宁练,2000.青藏高原地区的气候变化幅度问题[J].科学通报,45(1):98-106.

姚檀栋,蒲健辰,田立德,等,2007.喜马拉雅山脉西段纳木那尼冰川正在强烈萎缩[J].冰川冻土,29(4):503-508.

姚檀栋,秦大河,沈永平,等,2013.青藏高原冰冻圈变化及其对区域水循环和生态条件的影响[J].自然杂志,35(3):179-185.

于伯华,吕昌河,吕婷婷,等,2009.青藏高原植被覆盖变化的地域分异特征[J].地理科学进展,28(6):391-397.

赵雪雁,万文玉,王伟军,2016.近50年气候变化对青藏高原牧草生产潜力及物候期的影响[J].中国生态农业学报,26(4):532-543.

DE JONG R,DE BRUIN S,DE WIT A,et al,2011. Analysis of monotonic greening and browning trends from global NDVI time-series[J]. Remote Sensing of Environment,115(2):692-702.

FUJITA K,2008. Effect of precipitation seasonality on climatic sensitivity of glacier mass balance[J]. Earth Planet Sci Lett,276: 14-19.

HOUGHTON J T,DING Y H,GRIGGS D J,et al,2001. Climate Change 2001:The scientific basis[M]. In:Contribution of Working Group I to the Third Assessment Report of the Intergovernmental Panel on Climate Change. Cambridge:Cambridge University Press.

KLEIN J A,HARTE J,ZHAO X Q,2004. Experimental warming causes large and rapid species loss,dampened by simulated grazing,on the Tibetan Plateau[J]. Ecology Letters,7(12):1170-1179.

LEI H,YANG D,HUANG M,2014. Impacts of climate change and vegetation dynamics on runoff in the mountainous region of the Haihe River basin in the past five decades[J]. Journal of Hydrology,511:786-799.

PETERSON T C,FOLLAND C,GRUZA G,et al,2001. Report on the activities of the working group on climate change detection and related rapporteurs (1998-2001)[J/OL]. http://eprints. soton. ac. uk/30144/1/048_wgccd. pdf.

PENG J,LIU Z H,LIU Y H,et al,2012. Trend analysis of vegetation dynamics in Qinghai-Tibet Plateau using Hurst Exponent[J]. Ecological Indicators,14:28-39.

PIAO S, WANG X, CIAIS P, 2011. Changes in satellite-derived vegetation growth trend in temperate and boreal Eurasia from 1982 to 2006[J]. Global Change Biology, 17(10): 3228-3239.

SOLOMON S, QIN D H, MANNING M, et al, 2007. Climate Change 2007: The physical science basis[M]. In: Contribution of Working Group I to the Fourth Assessment Report of the Intergovernmental Panel on Climate Change. Cambridge: Cambridge University Press.

SU Z, SHI Y F, 2002. Response of monsoonal temperate glaciers to global warming since the Little Ice Age[J]. Quat Int, 97-98: 123-131.

WAGNON P, LINDA A, ARNAUD Y, et al, 2007. Four years of mass balance on Chhota Shigri Glacier, Himachal Pradesh, India, a new benchmark glacier in the western Himalaya[J]. J Glaciol, 53: 603-611.

YAO T, THOMPSON L, YANG W, et al, 2012. Different glacier status with atmospheric circulations in Tibetan Plateau and surroundings[J]. Nature Climate Change, 2: 663-667.

ZHANG Y S, FUJITA K, AGETA Y, et al, 1998. The response of glacier ELA to climate fluctuations in High Asian[J]. Bull Glacier Res, 16: 1-11.

ZHOU L M, TUCKER C J, KAUFMANN R K, et al, 2001. Variations in northern vegetation activity inferred from satellite data of vegetation index during 1981 to 1999[J]. Journal of Geophysical Research Atmospheres, 106(D17): 20069-20083.